中国地质大学(武汉)实验教学系列教材

材料合成与制备实验指导书

CAILIAO HECHENG YU ZHIBEI SHIYAN ZHIDAOSHU

刘学琴　主　编
黄焱球　副主编

图书在版编目(CIP)数据

材料合成与制备实验指导书/刘学琴主编. —武汉：中国地质大学出版社，2021.11
中国地质大学(武汉)实验教学系列教材

ISBN 978-7-5625-5143-0

Ⅰ.①材…
Ⅱ.①刘…
Ⅲ.①合成材料-材料制备-实验-高等学校-教材
Ⅳ.①TB324

中国版本图书馆 CIP 数据核字(2021)第 229741 号

材料合成与制备实验指导书	刘学琴	主　编
	黄焱球	副主编

责任编辑：王　敏	选题策划：毕克成　张晓红　王凤林	责任校对：张咏梅

出版发行：中国地质大学出版社(武汉市洪山区鲁磨路388号)　　　　　　　　　邮编：430074
电　　话：(027)67883511　　　传　　真：(027)67883580　　E-mail:cbb@cug.edu.cn
经　　销：全国新华书店　　　　　　　　　　　　　　　　　　　http://cugp.cug.edu.cn
开本：787 毫米×1092 毫米　1/16　　　　　　　　　字数：119 千字　　印张：4.75
版次：2021 年 11 月第 1 版　　　　　　　　　　　印次：2021 年 11 月第 1 次印刷
印刷：武汉市籍缘印刷厂
ISBN 978-7-5625-5143-0　　　　　　　　　　　　　　　　　　　　　定价：20.00 元

如有印装质量问题请与印刷厂联系调换

中国地质大学(武汉)实验教学系列教材

编委会名单

主　任：王　华

副主任：徐四平　周建伟

编委会委员：(以姓氏笔画排序)

文国军　公衍生　孙自永　孙文沛

朱红涛　毕克成　刘　芳　刘良辉

肖建忠　陈　刚　吴　柯　杨　喆

吴元保　张光勇　郝　亮　龚　健

童恒建　窦　斌　熊永华　潘　雄

选题策划：

毕克成　张晓红　王凤林

前 言

本书与《材料合成与制备》理论教材内容相配套,根据材料科学与工程专业的培养目标编写而成。本书共分为15个实验,总结和概括了几类常见无机非金属材料的制备方法,包括单晶、粉体、一维材料、薄膜材料及陶瓷材料。主要的制备方法包括溶液法、沉淀法、溶胶-凝胶法、水热法、阳极氧化法及磁控溅射等方法。每个实验都有实验背景介绍,希望使学生在掌握实验内容的同时,能够对材料制备方法的原理、应用领域等有一个较为全面、系统的认识。

本书由中国地质大学(武汉)材料与化学学院刘学琴担任主编,黄焱球为副主编。李珍教授、王洋副研究员为本书的撰写提出了宝贵建议。在编写过程中,笔者还参考了相关人员的专著、论文等,在此一并表示衷心的感谢。

本书的编写和出版得到了中国地质大学(武汉)实验室与设备管理处实验教材项目(编号:SJC-201902)的资助,同时,得到了中国地质大学出版社的大力帮助,在此深表感谢!

本书可作为本科院校材料科学与工程及相关专业的本科生和研究生的实验教材或教学参考书,也可供材料类相关工程技术人员参考。

由于笔者水平有限,书中难免存在不足之处,敬请读者批评指正。

笔 者

2021 年 7 月

目　录

实验一　溶液法生长硫酸铜晶体 ……………………………………………………（1）
　　一、实验目的 …………………………………………………………………（1）
　　二、实验背景 …………………………………………………………………（1）
　　三、实验耗材及仪器设备 ……………………………………………………（3）
　　四、实验步骤 …………………………………………………………………（3）
　　五、实验结果与报告 …………………………………………………………（4）
　　六、思考题 ……………………………………………………………………（4）
　　参考文献 ………………………………………………………………………（4）

实验二　沉淀法制备 ZnO 粉体 ………………………………………………………（5）
　　一、实验目的 …………………………………………………………………（5）
　　二、实验背景 …………………………………………………………………（5）
　　三、实验耗材及仪器设备 ……………………………………………………（7）
　　四、实验步骤 …………………………………………………………………（8）
　　五、实验结果与报告 …………………………………………………………（8）
　　六、思考题 ……………………………………………………………………（8）
　　参考文献 ………………………………………………………………………（8）

实验三　碳酸钙粉体的表面改性 ……………………………………………………（10）
　　一、实验目的 …………………………………………………………………（10）
　　二、实验背景 …………………………………………………………………（10）
　　三、实验耗材及仪器设备 ……………………………………………………（12）
　　四、实验步骤 …………………………………………………………………（13）
　　五、实验结果与报告 …………………………………………………………（13）
　　六、思考题 ……………………………………………………………………（13）
　　参考文献 ………………………………………………………………………（13）

实验四　水热法制备 MoS_2 粉体 ……………………………………………………（14）
　　一、实验目的 …………………………………………………………………（14）
　　二、实验背景 …………………………………………………………………（14）
　　三、实验耗材及仪器设备 ……………………………………………………（15）

四、实验步骤 …………………………………………………………………………（16）
　　五、实验结果与报告 …………………………………………………………………（16）
　　六、思考题 ……………………………………………………………………………（16）
　　参考文献 ………………………………………………………………………………（17）

实验五　溶胶-凝胶法制备 TiO₂ 粉体 …………………………………………………（18）
　　一、实验目的 …………………………………………………………………………（18）
　　二、实验背景 …………………………………………………………………………（18）
　　三、实验耗材及仪器设备 ……………………………………………………………（20）
　　四、实验内容与步骤 …………………………………………………………………（21）
　　五、实验结果与报告 …………………………………………………………………（21）
　　六、思考题 ……………………………………………………………………………（21）
　　参考文献 ………………………………………………………………………………（22）

实验六　水热法制备 Co₃O₄ 纳米线 …………………………………………………（23）
　　一、实验目的 …………………………………………………………………………（23）
　　二、实验背景 …………………………………………………………………………（23）
　　三、实验耗材及仪器设备 ……………………………………………………………（24）
　　四、实验内容与步骤 …………………………………………………………………（25）
　　五、注意事项 …………………………………………………………………………（26）
　　六、实验结果与报告 …………………………………………………………………（26）
　　七、思考题 ……………………………………………………………………………（26）
　　参考文献 ………………………………………………………………………………（26）

实验七　阳极氧化制备 TiO₂ 纳米管 …………………………………………………（27）
　　一、实验目的 …………………………………………………………………………（27）
　　二、实验背景 …………………………………………………………………………（27）
　　三、实验耗材及仪器设备 ……………………………………………………………（28）
　　四、实验内容与步骤 …………………………………………………………………（28）
　　五、实验结果与报告 …………………………………………………………………（29）
　　六、思考题 ……………………………………………………………………………（29）
　　参考文献 ………………………………………………………………………………（29）

实验八　水热法制备 Fe₂O₃ 纳米棒 …………………………………………………（30）
　　一、实验目的 …………………………………………………………………………（30）
　　二、实验背景 …………………………………………………………………………（30）
　　三、实验耗材及仪器设备 ……………………………………………………………（31）
　　四、实验内容与步骤 …………………………………………………………………（32）
　　五、实验结果与报告 …………………………………………………………………（33）
　　六、思考题 ……………………………………………………………………………（33）
　　参考文献 ………………………………………………………………………………（33）

实验九 ZnO 陶瓷制备 ·· (34)
　一、实验目的 ·· (34)
　二、实验背景 ·· (34)
　三、实验耗材及仪器设备 ·· (36)
　四、实验步骤 ·· (36)
　五、实验结果与报告 ·· (37)
　六、思考题 ·· (37)
　参考文献 ·· (37)

实验十 α-堇青石微晶玻璃制备 ·· (38)
　一、实验目的 ·· (38)
　二、实验背景 ·· (38)
　三、实验耗材及仪器设备 ·· (39)
　四、实验步骤 ·· (40)
　五、实验结果与报告 ·· (41)
　六、思考题 ·· (41)
　参考文献 ·· (41)

实验十一 叠层片式厚膜元件结构分析与设计 ·· (42)
　一、实验目的 ·· (42)
　二、实验背景 ·· (42)
　三、实验耗材及仪器设备 ·· (44)
　四、实验步骤 ·· (44)
　五、实验结果与报告 ·· (44)
　六、思考题 ·· (44)
　参考文献 ·· (44)

实验十二 薄膜的磁控溅射法制备 ·· (45)
　一、实验目的 ·· (45)
　二、实验背景 ·· (45)
　三、实验耗材及仪器设备 ·· (47)
　四、实验步骤 ·· (47)
　五、实验结果与报告 ·· (47)
　六、思考题 ·· (48)
　参考文献 ·· (48)

实验十三 电沉积法制备 $BiVO_4$ 薄膜 ·· (49)
　一、实验目的 ·· (49)
　二、实验背景 ·· (49)
　三、实验耗材及仪器设备 ·· (51)
　四、实验内容与步骤 ·· (51)

五、实验结果和报告 ……………………………………………………………… (52)
　　六、思考题 ………………………………………………………………………… (52)
　　参考文献 …………………………………………………………………………… (52)

实验十四　钙钛矿太阳能电池制备 …………………………………………………… (54)
　　一、实验目的 ……………………………………………………………………… (54)
　　二、实验背景 ……………………………………………………………………… (54)
　　三、实验耗材及仪器设备 ………………………………………………………… (57)
　　四、实验内容与步骤 ……………………………………………………………… (57)
　　五、实验结果与报告 ……………………………………………………………… (59)
　　六、思考题 ………………………………………………………………………… (59)
　　参考文献 …………………………………………………………………………… (59)

实验十五　溶胶－凝胶法制备 Al 掺杂 ZnO 薄膜 …………………………………… (60)
　　一、实验目的 ……………………………………………………………………… (60)
　　二、实验背景 ……………………………………………………………………… (60)
　　三、实验耗材及仪器设备 ………………………………………………………… (61)
　　四、实验内容与步骤 ……………………………………………………………… (61)
　　五、实验结果与报告 ……………………………………………………………… (62)
　　六、思考题 ………………………………………………………………………… (62)
　　参考文献 …………………………………………………………………………… (62)

实验一　溶液法生长硫酸铜晶体

一、实验目的

(1)掌握溶液法单晶生长的方法和工艺原理。
(2)掌握溶液法晶体生长工艺的选择及工艺条件的确定方法。
(3)掌握硫酸铜晶体生长工艺。

二、实验背景

1. 单晶生长的方法

单晶材料包括天然单晶和人工晶体。随着生产和科学技术的发展,天然单晶已不能满足产业发展的需求,因此,市场上大多数单晶材料都是通过人工生长而成。单晶生长是通过物理和化学手段将多晶态或非晶态的物质转变成单晶体的过程[1]。单晶生长的方法主要有溶液法、水热法、高温溶液法、熔体法和气相法。

溶液法是一种在常压及较低温度的条件下进行晶体生长的方法。基本原理是:将原料溶解于溶剂中,然后采取措施使溶液处于过饱和状态,从而使晶体生长。溶液法晶体生长的关键是溶液的过饱和度。控制溶液饱和度的方法主要有降温法和溶剂挥发法。对于溶解度较大且具有大的溶解度温度系数的物质,可以采用降温法生长;而对于溶解度温度系数较小或具有负的溶解度温度系数的物质,则可采用蒸发法生长。

过饱和溶液可分为亚稳过饱和溶液和不稳定过饱和溶液。其中,亚稳过饱和溶液不会自发地发生结晶作用,但如果有籽晶存在,晶体就会在籽晶上生长;而不稳定过饱和溶液会自发地发生成核和结晶作用,同时产生大量晶核并生长,无法生长出单晶。因此,利用溶液法进行晶体生长时,必须将溶液控制在亚稳过饱和状态。

2. 硫酸铜的基本特征

硫酸铜分为无水硫酸铜(白色或灰白色粉末)和五水硫酸铜(透明深蓝色晶体或粉末),后者加热会失去结晶水变成无水硫酸铜。硫酸铜晶体指的是五水硫酸铜,即硫酸铜的水合物,化学式为 $CuSO_4 \cdot 5H_2O$,俗称蓝矾、胆矾[2]。五水硫酸铜易溶于水,在水中的溶解度随着温度的升高而增大,其溶解度-温度曲线如图1-1所示。由于其溶解度较大,且具有大的溶解度温度系数,因此可以采用降温法生长硫酸铜单晶,其生长温度范围为室温至96 ℃。

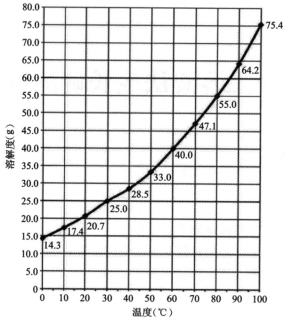

图1-1 硫酸铜溶解度-温度曲线

硫酸铜晶体加热后会失去结晶水,当温度达到102 ℃时失去两分子水,当温度达到113 ℃时失去四分子水,当温度达到258 ℃时失去最后一分子水。五水硫酸铜晶体的4个水分子是作为配体,以平行四边形配位在Cu^{2+}上的,即$[Cu(H_2O)_4]^{2+}$;而另一个水分子则结合在硫酸根上,这个水分子是通过氢键与另外两个配位水分子及硫酸根相结合的。因此,$CuSO_4 \cdot 5H_2O$按水分子的结合方式,结构式可写成$[Cu(H_2O)_4]SO_4(H_2O)$。

硫酸铜晶体属于三斜晶系,可以透过0.28～0.57 μm的光波,因而可在高分辨率光谱设备中用作光学带通滤波器。光谱成像设备在军用和民用方面都有极高的应用价值,广泛应用于森林和环境监测、地质勘探、高压输电线状态监测、医疗诊断及军事等方面[3-5]。

三、实验耗材及仪器设备

1. 实验主要设备及器材

实验中所用到的主要仪器和设备的名称、型号及生产厂家如表1-1所示。

表1-1 主要仪器和设备

仪器名称	型号	生产厂家
电子天平	ME203E	梅特勒-托利多
磁力搅拌器	S21-2	上海司乐仪器有限公司
恒温水浴锅	HH-S2/ZK2	巩义市予华仪器有限责任公司

2. 实验主要试剂

实验中生长 $CuSO_4$ 单晶所用到的主要试剂如表 1-2 所示。

表 1-2 主要试剂

试剂名称	化学式	纯度	生产厂家
五水硫酸铜	$CuSO_4 \cdot 5H_2O$	分析纯	国药集团化学试剂有限公司
去离子水	H_2O	—	自制

四、实验步骤

硫酸铜饱和溶液的制备:称取一定量的硫酸铜粉末溶解于 50 mL 的蒸馏水中,放在加热板上搅拌加热(80 ℃)至溶质完全溶解。将热饱和硫酸铜溶液密封静置至完全冷却,使硫酸铜发生自发成核,并生长成细小的晶体。

(1)籽晶的制备与悬挂:取出烧杯中的小晶体颗粒,选取较为完整的晶体作为籽晶。采用悬挂法,将籽晶用棉线拴紧,并将棉线的另一端系在支架上(图 1-2)。

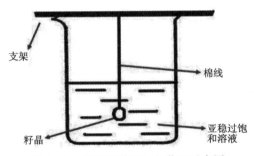

图 1-2 硫酸铜单晶生长装置示意图

(2)晶体生长:再次加热至溶液中的小晶粒全部溶解。将拴好的籽晶放入 70 ℃ 的饱和溶液中,用保鲜膜密封。然后缓慢降温,使晶体静置生长。为了解晶体的生长过程,晶体生长一定时间后,取出晶体称量,记录晶体的质量及对应的生长时间。

五、实验结果与报告

(1)详细记录实验过程。
(2)定时称取单晶质量,绘制单晶生长曲线图。
(3)分析各个步骤在晶体生长过程中的作用。

六、思考题

(1)为什么要先制备籽晶?
(2)为什么硫酸铜晶体可以通过降温方法制取? 还可采用什么方法?

参考文献

[1] 张克从,张乐澫. 晶体生长[M]. 北京:科学出版社,1981.

[2] 林敏. 硫酸铜晶体结晶水含量的测定实验的改进[J]. 化学教学,2010(1):13-14.

[3] 张玲玲. 硫酸铜生产工艺分析[J]. 化工时刊,1998,12(5):34-36.

[4] STANLEY M. 化工相平衡[M]. 韩世钧,译. 北京:中国石化出版社,1991.

[5] MCABE W L,STEVENS R P. Rate of growth of crystals in aqueous solutions[J]. Chemical Engineering Progress,1951(47):168-174.

实验二　沉淀法制备 ZnO 粉体

一、实验目的

(1) 掌握沉淀法制备粉体的基本原理和方法。
(2) 了解制备工艺条件对粉体颗粒、形态及性质等的影响特征,掌握 ZnO 粉体的沉淀法制备工艺流程。
(3) 掌握粉体制备相关仪器设备的使用方法。
(4) 了解 ZnO 粉体的基本物理化学性质及应用领域。

二、实验背景

1. ZnO 粉体简介

本实验以氧化锌(ZnO)粉体作为实验对象。氧化锌(ZnO)是一种直接宽禁带半导体氧化物,与碳化硅(SiC)、氮化镓(GaN)、金刚石(C)和氮化铝(AlN)同为第三代半导体的典型代表。ZnO 主要有六方纤锌矿、立方闪锌矿及六方岩盐矿 3 种晶体结构,如图 2-1 所示。其中,六方纤锌矿为热力学稳定的结构,对应空间群 P6$_3$mc,是 ZnO 在自然条件下能够稳定存在的晶体结构,其制备条件比较温和,不需要高温高压即可获得。闪锌矿结构一般在立方结构的衬底方能存在,而岩盐矿结构要在相对较高的压力(约 10 MPa)条件下才能得到[1,2]。

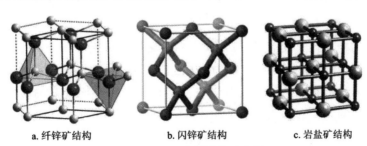

a. 纤锌矿结构　　　b. 闪锌矿结构　　　c. 岩盐矿结构

图 2-1　ZnO 晶体结构示意图

ZnO 具有许多优良的性能,如较好的热稳定性、化学稳定性,良好的抗辐射性能,生物兼容性好,价格低廉,环境友好,制备方法多样等。除此之外,ZnO 易于通过不同的制备方法得到多种多样的微纳结构(图 2-2),而这些结构显示出了不同的物理化学性能[3]。

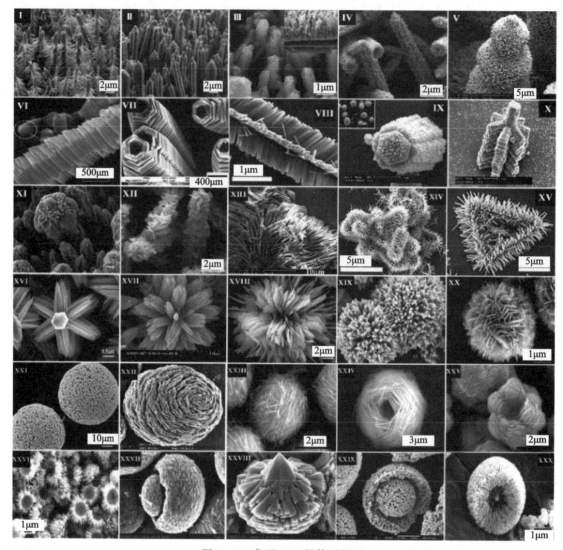

图 2-2 典型 ZnO 粉体形貌图

ZnO 有优异的物理化学性能,使得它在诸多领域都有广泛应用。例如:①ZnO 具有优良的可见光散射能力和对紫外光的吸收能力,因此被作为涂层颜料;②ZnO 的激子束缚能高达 60 MeV,高于室温离化能(26 MeV),所以在室温条件下也有比较高的激子浓度,发光效率高,耗能低,是理想的发光器件材料;③ZnO 具有高的击穿强度和饱和电子迁移率,可用作高温、高能、高速电子器件;④ZnO 具有较强的抗辐射损伤能力,是潜在的空间应用材料;⑤ZnO 粉体因优良的光电特性而被广泛应用于太阳能电池(包括染料敏化太阳能电池、量子点敏化太阳能电池、聚合物太阳能电池等)的电极材料;⑥ZnO 还被应用于塑料、硅酸盐制品、合成橡胶、润滑油、油漆涂料、药膏、黏合剂、食品、阻燃剂等产品生产中,并在压敏电阻器、紫外发光器件等电子、光电子元器件制作方面具有广泛的用途[4-6]。

2. ZnO 粉体制备方法

ZnO 粉体的制备工艺已经比较成熟，目前可以通过多种工艺制备出 ZnO 粉体，包括气相法、固相法和液相法等。固相法包括机械粉碎法和固相反应法等。固相反应法是将几种原料充分研磨进行混合获得前驱体，接着对前驱体进行煅烧，加热分解制备出 ZnO 粉体。固相法制备 ZnO 粉体简单方便，产率较高并且无需溶剂，但是制备出的 ZnO 粉体容易团聚而使粒径增大。气相法包括物理气相沉积、化学气相沉积、金属有机物气相沉积、激光蒸发和激光诱导化学气相沉积等。目前，制备 ZnO 粉体最主要的方法是液相法。相比其他制备方法，液相法制备纳米 ZnO 不仅所用设备简单，而且制得的 ZnO 纯度高、化学性质稳定、分散性好。液相法又分为沉淀法、溶剂蒸发法、醇盐水解法、溶胶-凝胶法、水热合成法等，各种制备方法均有优缺点。沉淀法是利用某些电荷相反的离子在溶液中发生反应生成不溶于水的晶质的性质而进行粉体制备的方法，原理是：在含有至少一种金属离子的溶液中加入沉淀剂，使金属离子与沉淀剂离子发生化学反应生成沉淀物，再通过过滤、洗涤、干燥、煅烧等环节，制备出氧化物粉体。

工业上常采用酸法和氨法工艺。酸法工艺通常是将含锌原料与硫酸反应，得到硫酸锌溶液，经过氧化除杂、还原除杂，制备高纯硫酸锌溶液，然后与纯碱反应，得到碱式碳酸锌粉体，再经洗涤、烘干及煅烧，得到 ZnO 粉体。氨法工艺通常是用氨水和碳铵与含锌原料反应，制备锌氨络合物，经除杂，得到高纯锌氨络合溶液，再经过蒸氨，使锌氨络合物转换为碱式碳酸锌，最后经烘干、煅烧，得到 ZnO 粉体。本实验采用含锌溶液直接沉淀法，通过制备碳酸锌或氢氧化锌沉淀，再过滤、洗涤、烘干和煅烧，制备 ZnO 粉体。

三、实验耗材及仪器设备

1. 实验主要设备及器材

实验中所用到的主要仪器和设备的名称、型号及生产厂家如表 2-1 所示。

表 2-1　主要仪器和设备

仪器名称	型号	生产厂家
电子天平	ME203E	梅特勒-托利多
磁力搅拌器	S21-2	上海司乐仪器有限公司
抽滤器	SHZ-D	巩义市瑞德仪器设备有限公司
鼓风干燥箱	DHG-9015A	上海一恒科学仪器有限公司
马弗炉	KSL-1600X	合肥科晶材料技术有限公司

2. 实验主要试剂

实验中制备 ZnO 粉体所用到的主要试剂如表 2-2 所示。

表 2-2 主要试剂

试剂名称	化学式	纯度	生产厂家
硝酸锌	$Zn(NO_3)_2 \cdot 6H_2O$	分析纯	国药集团化学试剂有限公司
硫酸锌	$ZnSO_4$	分析纯	国药集团化学试剂有限公司
碳酸铵	$(NH_4)_2CO_3$	分析纯	国药集团化学试剂有限公司
氢氧化钠	$NaOH$	分析纯	国药集团化学试剂有限公司
去离子水	H_2O	—	自制

四、实验步骤

(1)写出化学反应式,计算各试剂的用量,并进行精确称量。

(2)将称量好的试剂放入烧杯中,加入一定量的去离子水,配制成一定浓度的水溶液。详细记录试剂用量,并计算溶液浓度。

(3)在搅拌条件下,将沉淀剂溶液缓慢加入硫酸锌溶液中,使溶液均匀混合,反应一定时间,形成一定粒度的粉体沉淀物。

(4)采用抽滤装置对沉淀物进行脱水,再用去离子水洗涤,至无沉淀剂离子。

(5)脱水,烘干,可采用抽滤装置抽滤,再用烘箱进行干燥,也可以采用喷雾干燥器对洗涤后的粉体悬浮液进行喷雾干燥。采用喷雾干燥法进行干燥时,注意粉体悬浮液的浓度不能太高。干燥后得到前驱体粉体。

(6)将干燥后的前驱体粉体放入马弗炉中,在 300~500 ℃下煅烧数小时,即得 ZnO 粉体。

五、实验结果与报告

(1)详细记录实验过程。

(2)根据实验过程绘制 ZnO 粉体制备工艺流程图。

(3)分析不同的沉淀剂对前驱体粉体形成的影响,以及前驱体粉体的性质与最终氧化物粉体性能之间的关系。

六、思考题

(1)沉淀法制备氧化物粉体有什么优缺点?影响粉体性能的主要因素有哪些?

(2)在沉淀法工艺中,氧化物粉体的颗粒大小可能受哪些因素的影响?

(3)以 NaOH 为沉淀剂时,其加入顺序及加入量对沉淀反应有何影响?

(4)以 $(NH_4)_2CO_3$ 为沉淀剂时,反应过程中出现什么现象?沉淀物是什么物质?

参考文献

[1] 张立德. 超微粉体制备与应用技术[M]. 北京:中国石化出版社,2001.

[2]李凤生.超细粉体技术[M].北京:国防工业出版社,2000.

[3]梁志强.ZnO微纳结构制备及光学性能研究[D].哈尔滨:哈尔滨工业大学,2013.

[4]CHEN Y Z,ZENG D Q,ZHANG K,et al. Au-ZnO hybrid nanoflowers,nanomultipods and nanopyramids:one-pot reaction synthesis and photocatalytic properties[J]. Nanoscale,2014,6(2):874-881.

[5]KUMAR S G,RAO R K. Zinc oxide based photocatalysis:tailoring surface-bulk structure and related interfacical charge carrier dynamics for better environmental applications[J]. RSC Advance,2015,5(5):3306-3351.

[6]MAITI S,PAL S,CHATTOPADHYAY K K. Recent advances in low temperature, solution processed morphology tailored ZnO nanoarchitectures for electron emission and photocatalysis applications[J]. CrystEngComm,2015,17(48):9264-9295.

实验三　碳酸钙粉体的表面改性

一、实验目的

(1)掌握粉体表面改性的工艺与方法。
(2)了解粉体表面改性前后的性能特征。
(3)掌握粉体表面改性的机理。

二、实验背景

1. 粉体表面改性的意义

粉体表面改性就是通过各种物理、化学或机械的手段改变粉体表面的化学成分和结构组成,从而改变粉体表面理化性质的处理方法。它是改善粉体性能、提高粉体使用价值、拓宽粉体应用领域的技术手段,对粉体的加工和应用具有重要意义。

无机非金属粉体,如碳酸钙、高岭土、滑石、氧化铝、石英、云母、硅灰石、白炭黑、钛白粉、锌钡白、重晶石、高岭土、膨润土等粉体,具有优良的物理化学性能,是塑料、橡胶、胶黏剂、涂料或油漆等的填料。由于无机非金属粉体表面具有亲水性、疏油性,与有机物的亲和性差,不能直接混合,因此必须对这些粉体进行表面改性,以提高它们在有机物中的分散性、润湿性和结合力,改善复合材料的综合性能。

无机非金属粉体表面改性的方法较多,主要有表面化学改性、涂敷改性、沉淀反应改性、胶囊化改性、机械化学改性等方法。

表面化学改性是无机非金属粉体常用的改性方法。它是利用某些有机分子中具有可与无机物表面发生吸附或键合的官能团,通过与无机颗粒表面的物理吸附或化学吸附,在颗粒表面形成牢固的有机包覆层,使无机颗粒表面有机化,从而实现表面改性。表面改性剂种类很多,常用的有硅烷偶联剂、钛酸酯偶联剂、锆铝酸盐偶联剂、有机铬偶联剂、高级脂肪酸及其盐、有机铵盐、各种类型表面活性剂、磷酸酯、不饱和有机酸等。改性剂需根据无机粉体的表面特征及改性粉体的用途来进行选择,即首先改性剂与粉体表面之间能产生较强的结合力,其次改性后粉体能满足应用的需要[1]。

2. 碳酸钙粉体表面改性的工艺原理

碳酸钙是一种重要的工业矿物原料,广泛应用于塑料、橡胶、造纸、油漆、化妆品、涂料、油墨、食品和牙膏等领域。目前,广泛使用的碳酸钙粉体有轻质碳酸钙粉体和重质碳酸钙粉体。轻质碳酸钙又称沉淀碳酸钙,采用化学沉淀方法制得。重质碳酸钙粉体则由天然方解石、石灰石等经机械粉碎制得。碳酸钙粉体在粉碎过程中不断细化并产生新的表面,颗粒表面积增大,表面原子所占比例增大,表面能增高,颗粒之间容易发生团聚。同时,由于碳酸钙粉体表面具有亲水性、疏油性,与高聚物之间的亲合力差,因此,碳酸钙粉体在聚合物内部分散性差,与高分子材料之间的界面结合力不强,直接使用会影响材料的性能,为此需要对碳酸钙粉体进行表面改性[2,3]。

碳酸钙粉体的表面改性主要采用表面化学包覆的方法进行。常用的改性剂有硬脂酸(盐)、钛酸酯偶联剂、铝酸酯偶联剂等。改性工艺主要有干法和湿法两种。

硬脂酸是一种含18个碳原子的饱和脂肪酸,在常温下不溶于水,熔点为70 ℃左右,在90~100 ℃下慢慢挥发,具有一般有机羧酸的化学通性。硬脂酸盐,如硬脂酸钠等,易溶于热水,形成硬脂酸盐溶液。因此,根据溶解度的不同,以硬脂酸为改性剂时通常采用干法改性工艺,而以硬脂酸盐为改性剂时通常采用湿法改性工艺。根据有关研究,对于碳酸钙粉体表面改性,硬脂酸改性剂的用量一般为0.5%~1.5%。

粉体的干法表面改性常用高速混合机、研磨机等进行。高速混合机结构如图3-1所示,它采用高温油为加热媒介,加热均匀性较好,控温准确。混合锅内设有折流板,在高速旋转的叶片搅动下,搅起的粉体发生摩擦、碰撞而分散,并在折流板的作用下形成流化态,从而能够促进颗粒与表面改性剂的相互接触,实现均匀改性。

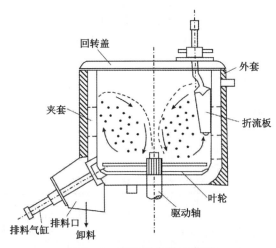

图3-1 高速混合机示意图

改性后的粉体可通过测定其润湿角及活化指数来评价改性效果。

(1)润湿接触角测定:接触角是在固、液、气三相接触达到平衡时,在气、液、固三相交点处所作的气-液界面的切线穿过液体与固-液交界线之间的夹角θ,它是润湿性的主要判据。固体物料在水中的润湿接触角越大,疏水性就越好。因此,采用有机表面改性剂对无机矿物填料进行表面改性,有机表面改性剂在表面包覆越完全,粉体的润湿接触角就越大。改性粉体的接触角采用动态接触角/润湿角测量仪测定。测定前需将粉体压制成片,然后进行测定。

(2)活化指数(H)及测定:活化指数是指改性粉体加入水中充分搅拌后,漂浮在水面上的粉体质量与加入粉体质量的比值,它是衡量粉体改性效果的一个重要参数。其含义由下式表示:

$$H = \frac{样品中漂浮部分的质量(g)}{样品总质量(g)}$$

无机粉体一般相对密度较大,而且表面呈极性状态,在水中自然沉降。而改性后的无机粉体表面呈非极性,具有疏水性。由于改性粉体颗粒细小,在水中受表面张力作用,表现出如同油膜一样的漂浮状态。可见,未改性的无机粉体,$H=0$;而改性彻底的粉体,$H=1.0$。H由$0 \sim 1.0$的变化过程可反映出表面活化程度由小至大,反映表面改性效果的好坏。在无机粉体改性工艺中,表面改性剂的种类和用量对粉体的改性效果有显著影响。可根据粉体的活化指数来确定改性剂的用量。在改性粉体活化指数与改性剂用量的变化曲线中,随表面改性剂用量的增加,H呈上升趋势,并在改性剂用量为a时,H达到1.0,之后不再变化,如图3-2所示。因此,对于该改性剂而言,最佳用量就是a。

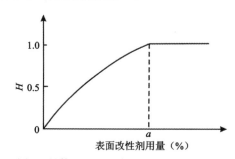

图3-2 改性后粉体的活化指数H与表面改性剂用量的关系

三、实验耗材及仪器设备

1. 实验主要设备及器材

实验中所用到的主要仪器和设备的名称、型号及生产厂家如表3-1所示。

表3-1 主要仪器和设备

仪器名称	型号	生产厂家
电子天平	ME203E	梅特勒-托利多
磁力搅拌器	S21-2	上海司乐仪器有限公司
鼓风干燥箱	DHG-9015A	上海一恒科学仪器有限公司

2. 实验主要试剂

实验中用于粉体改性所用到的主要试剂如表3-2所示。

表 3-2 主要试剂

试剂名称	化学式	纯度	生产厂家
碳酸钙	$CaCO_3$	分析纯	国药集团化学试剂有限公司
硬脂酸	$CH_3(CH_2)_{16}COOH$	分析纯	国药集团化学试剂有限公司
去离子水	H_2O	—	自制

四、实验步骤

(1) 先将碳酸钙粉体烘干,然后称取一定量的粉体。
(2) 按碳酸钙粉体用量的 0.5%～1.5% 称取硬脂酸。
(3) 将上述两种粉体混合后,加热至 70 ℃,并进行搅拌。
(4) 观察粉体流动性变化。
(5) 检测粉体改性前后的活化指数。

五、实验结果与报告

(1) 详细记录实验过程。
(2) 根据粉体的活化指数,对改性效果进行评价。
(3) 讨论粉体表面改性的影响因素,并对改性机理进行探讨。

六、思考题

(1) 无机非金属粉体颗粒越细越容易团聚,为什么?
(2) 改性剂的选择应考虑哪些因素?
(3) 粉体的干法改性有什么优点?
(4) 粉体表面改性效果可能受哪些因素的影响?

参考文献

[1] 郑水林. 粉体表面改性[M]. 北京:中国建材工业出版社,2003.
[2] 郑水林. 碳酸钙粉体表面改性技术现状与发展趋势[J]. 中国非金属矿工业导刊,2007(2):3-6.
[3] 任晓玲,骆振福,吴成宝,等. 重质碳酸钙的表面改性研究[J]. 中国矿业大学学报,2011,40(2):269-272.

实验四　水热法制备 MoS_2 粉体

一、实验目的

(1) 掌握水热法制备粉体的基本原理和工艺过程。
(2) 掌握高压釜的使用方法及操作规范。
(3) 掌握 MoS_2 粉体的水热合成工艺。
(4) 了解 MoS_2 粉体材料的基本物理化学性质、制备方法及应用领域。

二、实验背景

1. MoS_2 粉体简介

MoS_2 是天然辉钼矿的主要成分,是一种储量丰富、成本低廉的类石墨烯层状结构金属硫化物。我国有丰富的钼矿资源,总储量约占全球总储量的一半以上,且钼矿分布集中,易开采。400 ℃时,MoS_2 在空气中开始被缓慢氧化成 MoO_3,1185 ℃时开始熔融。MoS_2 不溶于水、稀酸、多数碱和有机溶剂,但能溶于煮沸的浓硫酸和王水。单层 MoS_2 由 3 层原子层构成,如图 4-1a 所示,上、下两层 S 原子层夹一层 Mo 原子层组成 S-Mo-S"三明治"结构。

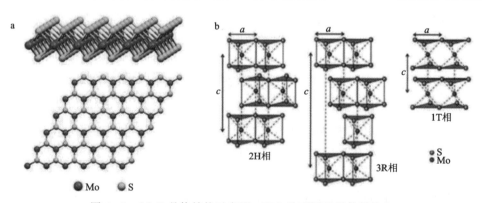

图 4-1　MoS_2 晶体结构示意图 a 和 3 种不同的晶体结构 b

层内 S 原子与 Mo 原子以共价键结合,层边缘有悬空键,并以较微弱的范德华力堆叠成多层结构,层间距为 6.5 Å($1Å=10^{-10}$ m)。根据堆叠方式的不同而形成 3 种不同的晶体结构:1T 相、2H 相和 3R 相,如图 4-1b 所示(深色点代表 Mo 原子,浅色点代表 S 原子)。其中,2H 相为 MoS_2 最稳定的一种构型,因此也是研究最为广泛的一种类型[1-3]。

层状结构的 MoS_2 在润滑剂、能量存储、光电器件、电解水、复合材料等众多领域都有广泛的应用。特殊的层状结构使得 MoS_2 成为一种优异的润滑材料,特别适用于高温、高压、高转速、高负荷的机械工作状态,起到减小摩擦的作用,可延长设备寿命。MoS_2 的层状结构有利于离子的嵌入嵌出,同时拥有较高的理论储锂和储钠容量,因此具备同时作为锂离子和钠离子电池电极材料的潜力。MoS_2 具备超薄的体厚度、原子级平整的界面、合适的禁带宽度及可观的室温载流子迁移率,在电子与光电子器件中表现出极大的应用潜力。大量的理论和实验研究表明,MoS_2 的边缘具有催化活性,特别是其边缘位置配位不饱和的原子对析氢反应起着促进作用,在电催化制氢领域有着广泛的应用前景。另外,通过减小沿平面方向的尺寸,使二维 MoS_2 的边缘得到了最大限度的暴露,可以有效地提高其催化性能。MoS_2 较低的电子传输速率是限制其催化制氢效率的一个重要因素,在这方面的改性研究也是 MoS_2 研究工作的一个重要方向[4,5]。

2. MoS_2 粉体制备方法

MoS_2 粉体的常用制备方法有很多种,包括微机械剥离法、化学气相沉积法、水热法、磁控溅射法、液相超声法等。在众多制备方法中,水热法具有操作简单、能耗小、效率高、产品结晶度高、制备过程对环境污染较小、无需通惰性气体保护等优点,是目前制备纳米 MoS_2 最常用的方法之一。

水热法是指在特制的密闭反应器(高压釜)中,以水为介质,将含钼化合物和含硫化合物的混合溶液在高温高压的环境下合成 MoS_2 粉体的一种方法。水热法也是制备纳米 MoS_2 常用的方法。水热法制备的 MoS_2 纳米片质量高,尺寸均匀,且能够大规模生产。

三、实验耗材及仪器设备

1. 实验主要设备及器材

实验中所用到的主要仪器和设备的名称、型号及生产厂家如表 4-1 所示。

表 4-1 主要仪器和设备

仪器名称	型号	生产厂家
电子天平	ME203E	梅特勒-托利多
磁力搅拌器	S21-2	上海司乐仪器有限公司
鼓风干燥箱	DHG-9015A	上海一恒科学仪器有限公司

2. 实验主要试剂

实验中制备 MoS_2 粉体所用到的主要试剂如表 4-2 所示。

表 4-2 主要试剂

试剂名称	化学式	纯度	生产厂家
仲钼酸铵	$(NH_4)_6Mo_7O_{24}$	分析纯	国药集团化学试剂有限公司
硫脲	$(NH_2)_2CS$	分析纯	国药集团化学试剂有限公司
聚乙烯吡咯烷酮(PVP)	$(C_6H_9NO)_n$	分析纯	国药集团化学试剂有限公司
无水乙醇	CH_3CH_2OH	分析纯	国药集团化学试剂有限公司
去离子水	H_2O	—	自制

四、实验步骤

水热法制备 MoS_2 粉体流程如图 4-2 所示,具体步骤如下。

(1)称取 1.8 g 聚乙烯吡咯烷酮(PVP)充分溶解于 36 mL 去离子水中,然后加入 1.34 g 仲钼酸铵和 2.46 g 硫脲,用磁力搅拌器搅拌至充分溶解。

(2)将上述配置好的溶液转移至 50 mL 聚四氟乙烯反应釜中,利用电热鼓风干燥箱对反应釜加热,反应温度为 200 ℃,反应时间为 24 h。

(3)反应结束后,取出反应釜冷却至室温,用足量的去离子水和无水乙醇交替洗涤沉淀物。

(4)将洗净的沉淀物在 60 ℃烘箱中干燥 10 h,得到最终的 MoS_2 粉体。

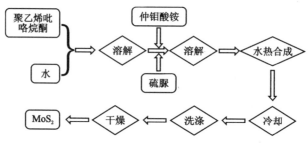

图 4-2 水热法制备 MoS_2 粉体工艺流程图

五、实验结果与报告

(1)详细记录实验过程。
(2)分析 MoS_2 粉体的形貌和尺寸的影响因素。
(3)对水热法制备粉体的优缺点进行讨论。

六、思考题

(1)反应溶液中加入聚乙烯吡咯烷酮的作用是什么?
(2)在洗涤环节,去离子水和无水乙醇交替洗涤沉淀物的目的是什么?

参考文献

[1] 张书渠. 二硫化钼基光催化剂的制备及产氢性能研究[D]. 长沙:湖南大学,2018.

[2] 周朝迅. 单层二硫化钼的制备及光学性质研究[D]. 合肥:中国科学技术大学,2015.

[3] 邢垒,焦丽颖. 二硫化钼二维原子晶体化学掺杂研究进展[J]. 物理化学学报,2016,32(9):2133-2145.

[4] WANG T,LIU L,ZHU Z,et al. Enhanced electrocatalytic activity for hydrogen evolution reaction from self-assembled monodispersed molybdenum sulfide nanoparticles on an Au electrode[J]. Energy Environ. Sci. ,2013,6(2):625-633.

[5] ESPOSITO D V,HUNT S T,KIMMEL Y C,et al. A new class of electrocatalysts for hydrogen production from water electrolysis:metal monolayers supported on low-cost transition metal carbides[J]. J. Am. Chem. Soc. ,2012,134:3025-3033.

实验五 溶胶-凝胶法制备 TiO₂ 粉体

一、实验目的

(1) 掌握溶胶-凝胶法制备粉体的基本理论和工艺原理。
(2) 掌握溶胶-凝胶法制备 TiO_2 粉体的工艺。
(3) 了解 TiO_2 粉体材料的基本物理化学性质、制备方法及应用领域。

二、实验背景

1. TiO₂ 粉体简介

钛元素在地壳中具有丰富的储量,在所有元素中居于第十位,它最常见的天然氧化物是二氧化钛(TiO_2),具有低成本、无毒、优异的化学稳定性、良好的催化活性、耐光腐蚀性等优良特性。TiO_2 有 4 种主要晶型,即锐钛矿型、金红石型、板钛矿型和 $TiO_2(B)$,其中 B 代表青铜矿(为最晚发现的相,主要研究集中在锂离子电池领域)。锐钛矿型和金红石型 TiO_2 都具有四方晶系(空间群分别为 $I4_1/amd$、$P4_2/mnm$),而板钛矿和 $TiO_2(B)$ 分别具有正交晶系(空间群为 $Pbca$)和单斜晶系(空间群为 $C2/m$),如图 5-1 所示。4 种晶型的结构均由 $[TiO_6]$ 八面体所组成,每个结构的差异在于不同的 $[TiO_6]$ 八面体连接形式[1-3]。

二氧化钛在日常生活中有着广泛的用途,如作为颜料、食品、药品、化妆品和光催化剂(图 5-2)等。二氧化钛的熔点较高,在制造陶土、珐琅、耐火玻璃、耐高温试验器皿等物品时常被使用。二氧化钛的化学性质也非常稳定,是一种偏酸性质的两性氧化物,在水、稀酸、有机酸或弱无机酸中都不能溶解,仅在氢氟酸中可以微溶。而二氧化钛作为一种 N 型半导体,具有优异的光电特性,在光催化材料的应用领域也有着非常广阔的研究前景[4-7]。

2. TiO₂ 粉体制备方法

TiO_2 纳米材料主要包括纳米薄膜、纳米线、纳米颗粒、纳米晶、纳米管及纳米复合材料。目前,TiO_2 纳米材料的制备方法主要有气相法、固相法及液相法,而在液相法中溶胶-凝胶法具有操作简单、反应过程可控等优点,是制备纳米 TiO_2 的常用方法之一[8,9]。

1) 气相法

气相法主要可分为物理气相沉积法、化学气相沉积法和气相氢氧火焰水解法等。气相法能直接获得纯度高、分布均匀的纳米颗粒,且过程快速、高效,能实现连续化生产。

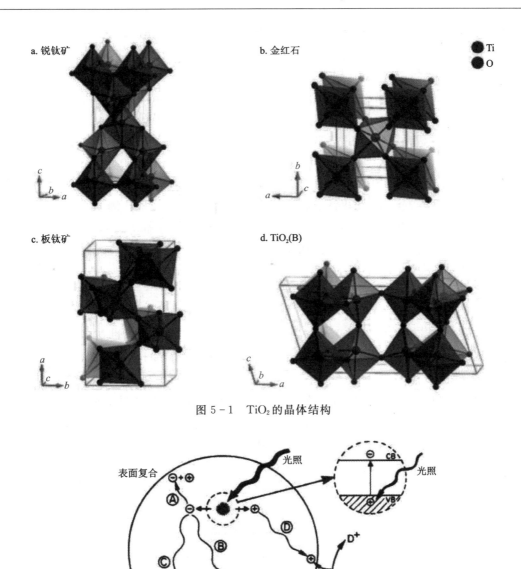

图 5-1　TiO₂ 的晶体结构

图 5-2　TiO₂ 光催化过程中的光激发过程示意图

(1)**物理气相沉积法**(physics vapour deposition，PVD)：物理气相沉积法是利用电弧、高频或等离子体等高温热源对原料进行加热，使原料先气化或形成等离子体，然后骤冷凝聚成纳米粒子，其中以真空蒸发法最为常用。粒子的粒径大小及分布可以通过改变气体压力和加热温度进行控制。

(2)**化学气相沉积法**(chemical vapour deposition，CVD)：化学气相沉积法是利用挥发性金属化合物的蒸气通过化学反应生成所需要的化合物。通过该方法可以制备出粒度细、化学活性高、单分散性好的 TiO_2 纳米颗粒。化学气相沉积法易于实现连续性生产，但一次性投资大，同时需要解决粉体的收集和存放问题。

(3)气相氢氧火焰水解法：气相氢氧火焰水解法是在水解炉中通入一定配比的精制的氢气、空气和 $TiCl_4$ 蒸气进行高温水解。首先，氢氧燃烧生成水并与 $TiCl_4$ 在高温下反应生成一次颗粒；然后，这些颗粒相互碰撞，再经凝结或煅烧后变成纳米粒子。该工艺的优点是得到的 TiO_2 纳米颗粒纯度极高，缺点是工艺过程较为复杂。

2) 固相法

固相法制备 TiO_2 纳米材料主要是通过固态原料热分解，或者发生固-固反应，以此来制备出固相材料。基本方法是：利用钛或者钛的氧化物，通过研磨一定比例的原料后，经煅烧得到 TiO_2 粉体材料。固相法主要包括高能球磨、固相反应及热分解等制备方法，具有操作简单、安全性好等优势。劣势在于能量消耗较大、产物纯度较低、形貌难以精确控制。

3) 液相法

液相法是制备 TiO_2 纳米材料最为普遍的方法，主要包括沉淀法、水(溶剂)热法及溶胶-凝胶法等。

(1)沉淀法：沉淀法主要是以 $Ti(SO_4)_2$、$TiCl_4$ 等无机盐为原料，通过与碱性溶液混合，生成无定形态的 $Ti(OH)_4$ 沉淀，然后将 $Ti(OH)_4$ 沉淀过滤、洗涤和干燥后，再经过高温煅烧制备 TiO_2 纳米材料。

(2)水(溶剂)热法：水(溶剂)热法是制备 TiO_2 纳米材料的常用方法。制备过程通常是在聚四氟乙烯的反应釜中进行，以水或者其他溶剂为反应介质，在高温高压的条件下，使前驱体分解、成核及长大，最终形成具有一定结晶形态的晶粒。常用的钛前驱体有 $TiCl_4$、$TOSO_4$ 及 TIP 等，常用的反应介质有水、醇、甲苯及油酸等。在水热反应中，通过调节溶液成分、反应物配比、反应温度及反应时间等因素，可以对晶粒尺寸、形貌和表面结构进行可控调节。

(3)溶胶-凝胶(sol-gel)法：溶胶-凝胶法是将金属醇盐或无机物作为前驱体，通过水解缩合反应形成溶胶，溶胶再经过陈化形成凝胶，最后将凝胶干燥、煅烧，制备出纳米粉体材料。溶胶-凝胶法具有操作简单、反应过程可控等优点，不足之处是在后续高温煅烧处理过程中，纳米颗粒易发生团聚。

三、实验耗材及仪器设备

1. 实验主要设备及器材

实验中所用到的主要仪器和设备的名称、型号及其生产厂家如表 5-1 所示。

表 5-1 主要仪器和设备

仪器名称	型号	生产厂家
电子天平	ME203E	梅特勒-托利多
磁力搅拌器	S21-2	上海司乐仪器有限公司
抽滤器	SHZ-D	巩义市瑞德仪器设备有限公司
鼓风干燥箱	DHG-9015A	上海一恒科学仪器有限公司

2. 实验主要试剂

实验中制备 TiO_2 粉体所用到的主要试剂如表 5-2 所示。

表 5-2 主要试剂

试剂名称	化学式	纯度	生产厂家
四异丙醇钛	$C_{12}H_{28}O_4Ti$	分析纯	国药集团化学试剂有限公司
异丙醇	$(CH_3)_2CHOH$	分析纯	国药集团化学试剂有限公司
去离子水	H_2O	—	自制

四、实验内容与步骤

Sol-gel 法制备 TiO_2 粉体流程如图 5-3 所示,具体步骤如下。

(1)先在烧杯中加入无水乙醇,然后于磁力搅拌下依次滴加钛酸丁酯和冰乙酸,使其体积比为 15∶5∶1,得到混合溶液。

(2)将硝酸(HNO_3)、乙醇和水的混合液滴加到上述溶液中,持续搅拌得到均匀的溶胶。溶液在室温下经 24 h 的陈化后得到凝胶,凝胶经 100 ℃烘干,制得干燥的 TiO_2 凝胶。

(3)最后在一定温度下煅烧得到 TiO_2 纳米粉体。

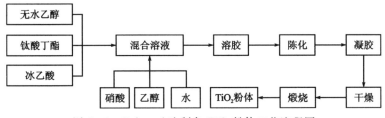

图 5-3 Sol-gel 法制备 TiO_2 粉体工艺流程图

五、实验结果与报告

(1)详细记录实验过程。

(2)写出从 Ti 的前驱体到 TiO_2 的转变过程。

(3)分析溶胶-凝胶过程中影响 TiO_2 粉体粒径的因素。

六、思考题

(1)反应溶液中加入去离子水的作用是什么?

(2)在溶胶-凝胶转变过程中发生了什么变化?凝胶的形成对粉体制备有何意义?

(3)溶胶-凝胶法制备粉体的优缺点是什么?

(4)TiO_2 粉体的主要应用领域有哪些?

参考文献

[1] 杨浩成. 一维 TiO_2 纳米阵列异质结的制备及光电化学性能研究[D]. 合肥:安徽大学,2020.

[2] 于思琦. 氢化纳米 TiO_2 及其异质结型光解水材料的设计合成与性能[D]. 杭州:浙江大学,2020.

[3] 彭兰. 二氧化钛基纳米材料的结构调控及光催化性能研究[D]. 北京:北京交通大学,2019.

[4] YANG D,LIU H,ZHENG Z,et al. An efficient photocatalyst structure: TiO_2(B) nanofibers with a shell of anatase nanocrystals[J]. J. Am. Chem. Soc. ,2009,131(49):17 885 − 17 893.

[5] 刘婕. 超长分立的单晶二氧化钛纳米线阵列的合成及光电性能研究[D]. 苏州:苏州大学,2019.

[6] 芦冉冉. 二氧化钛基纳米材料的制备及光解水性能研究[D]. 济南:济南大学,2019.

[7] 温鹏超. 高温稳定型锐钛矿型二氧化钛及其光催化活性优化的研究[D]. 合肥:中国科学技术大学,2017.

[8] 张江灵. 三元纳米 TiO_2 复合材料的制备及其光催化性能研究[D]. 马鞍山:安徽工业大学,2019.

[9] 赵海鑫. 多形貌二氧化钛基纳米材料的制备及其光催化性质研究[D]. 苏州:苏州大学,2018.

实验六　水热法制备 Co_3O_4 纳米线

一、实验目的

(1) 掌握水热法材料制备的基本理论和工艺原理。
(2) 熟练掌握高压釜的使用方法,加深对高压釜安全使用规范的认识。
(3) 掌握 Co_3O_4 纳米线的水热法合成工艺。
(4) 了解 Co_3O_4 纳米线的基本物理化学性质、制备方法及应用领域。

二、实验背景

1. Co_3O_4 简介

典型的过渡金属氧化物纳米材料有氧化锌、氧化亚铜、氧化铁、氧化铈、氧化钴、氧化镍等。这些过渡金属氧化物中金属阳离子的 d 电子容易失去电子或夺取电子,具有较强的氧化还原性质,金属离子的内层价电子轨道与外来电子轨道相撞时能够释放出大量的能量。因此,过渡金属氧化物被广泛用作催化剂[1]。

Co_3O_4 作为典型的过渡金属氧化物,是一种具有反磁性的 P 型半导体,光学禁带宽度为 1.48 eV。Co_3O_4 宏观表现为黑色或灰色粉末,在 25 ℃ 环境下的密度为 6.05 g/cm³,熔点为 895 ℃,在常压下的沸点为 3800 ℃,不溶于水,微溶于无机酸;微观结构上,它是所有 Co-O 系列中最稳定的结构,呈尖晶石型结构(图 6-1),O^{2-} 作立方最紧密堆积,Co^{2+} 占据四面体孔隙,Co^{3+} 则占据八面体孔隙[2]。

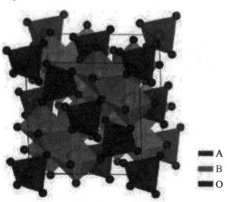

图 6-1　Co_3O_4 晶体结构示意图

Co_3O_4 相较于其他电催化材料有优异的析氧催化性能,以及在碱性和中性溶液中的稳定性,因而成为目前电催化领域的一大研究热点。Co_3O_4 的电催化活性主要受反应活性面积及导电性影响,纯 Co_3O_4 的这两项性能并不理想,因而制约着其在电催化领域的大规模应用。在反应活性面积方面,可以通过调整 Co_3O_4 的制备方法控制 Co_3O_4 的微观形貌,来增大反应活性面积;针对导电性较差的问题,除了可以通过调整制备方法控制 Co_3O_4 的微观形貌外,还可以掺杂引入其他元素,如将其他过渡金属(Li、Cu、Ni、Co、Mn 和 Fe 等)掺杂到钴的氧化物当中,通过电导率的增强及多金属的协同催化效果来提高析氧催化性能。另外,引入氧空位、晶面调控的手段同样对改善其导电性有着较好的效果[3-5]。

2. Co_3O_4 纳米线制备方法

目前,析氧电催化剂的制备方法主要有以下几种。

(1)水热合成法:是一种比较经典的制备方法。首先将所需的反应物,以一定比例混合后溶于水,转移至反应釜中,在高温高压的条件下发生反应,反应完成后进行过滤、干燥、煅烧等处理,最终得到所需样品。样品形貌可控且多变是水热合成法的一大优势,但通常需要高温高压的反应条件,这也是其主要的缺点。

(2)共沉淀法:是将几种金属离子的盐溶液,按照一定的比例混合,向混合溶液中加入沉淀剂,发生反应产生沉淀析出,经过滤、洗涤、干燥等处理后获得所需的样品。该制备方法的主要优势在于在常温常压下即可进行,且能够精准合成所需样品,但该方法也存在引入其他杂质的可能性。

(3)离子溅射法:是通过高频电压将原材料激发至离子状态,再通过施加外加电场的方式,使离子定向迁移到基底上。这种方法能够用来制备薄膜样品,且薄膜的厚度也可以根据需要进行调整,但由于往往需要施加高频电压,能源消耗会较大,且对设备及制备样品的要求也较为苛刻。

(4)电沉积法:是目前比较新颖的一种制备方法,具有反应时间短、可控性强的特点,主要应用在金属氧化物等薄膜材料的制备领域。电沉积法是通过施加和控制外部电压,使金属或合金从其化合物的水溶液、非水溶液或熔融盐中直接沉积。

Co_3O_4 因其独特的性能,如比电容高、循环稳定性好、电容量大等优异的电化学性能,在能量转换与存储领域的超级电容器与锂电池、传感器领域的电化学传感器等方面有较好的应用前景。优异的析氧催化性能、在碱性和中性溶液中的稳定性、较为简单的制备方法及相对更低廉的价格,使得 Co_3O_4 在催化领域也有着非常好的应用前景。

三、实验耗材及仪器设备

1. 实验主要设备及器材

实验中所用到的主要仪器和设备的名称、型号及生产厂家如表 6-1 所示。

表 6-1 主要仪器和设备

仪器名称	型号	生产厂家
电子天平	ME203E	梅特勒-托利多
磁力搅拌器	S21-2	上海司乐仪器有限公司
超声波清洗器	KQ-100E	昆山市超声仪器有限公司
鼓风干燥箱	DHG-9015A	上海一恒科学仪器有限公司
反应釜	PTFE 不锈钢	西安常仪仪器设备有限公司
马弗炉	KSL-1600X	合肥科晶材料技术有限公司

2. 实验主要试剂

实验中制备 Co_3O_4 纳米线所用到的主要试剂如表 6-2 所示。

表 6-2 主要试剂

试剂名称	化学式	纯度	生产厂家
氢氧化钾	KOH	分析纯	国药集团化学试剂有限公司
六水硝酸钴	$Co(NO_3)_2 \cdot 6H_2O$	分析纯	国药集团化学试剂有限公司
尿素	CH_4N_2O	分析纯	国药集团化学试剂有限公司
氟化铵	NH_4F	分析纯	国药集团化学试剂有限公司
盐酸	HCl	分析纯	国药集团化学试剂有限公司
去离子水	H_2O	—	自制

四、实验内容与步骤

切取宽度为 1 cm、长度约 5 cm 的泡沫镍片,在距镍片一端 1 cm 处,使用环氧树脂涂覆一条线,在镍片上划分出一片有效面积为 1 cm²(1 cm×1 cm)的区域,该区域为 Co_3O_4 性能测试区域。待环氧树脂干后,对镍片进行清洗。依次将泡沫镍片放入 HCl 溶液和去离子水中,分别超声清洗 10 min,得到预处理后的电极。Co_3O_4 纳米线制备具体步骤如下(图 6-2)。

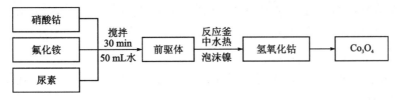

图 6-2 水热法制备 Co_3O_4 纳米线工艺流程图

(1)分别称取 0.233 g $Co(NO_3)_2$、0.07 g NH_4F 和 0.240 g $CO(NH_2)_2$,溶于 100 mL 去离子水中,搅拌溶解 30 min。

(2)将搅拌完毕后呈粉色的均一溶液和预处理完毕的泡沫镍片一同转移到聚四氟乙烯划线的 50 mL 高压釜中,放入 120 ℃ 的烘箱中反应 10 h,随后冷却至室温。

(3)用蒸馏水多次清洗反应后的泡沫镍片,放入 60 ℃ 的烘箱中烘干 12 h。

(4)在空气气氛中,以 2 ℃/min 的升温速率,将干燥后的泡沫镍片在 350 ℃ 的温度下退火 2 h,在泡沫镍片表面制得 Co_3O_4。

五、注意事项

(1)配制环氧树脂时需要注意其黏稠程度,过稀或过稠都会导致无法完全阻断分割泡沫镍的上、下两个部分。

(2)反应釜在组装好之后需要确保完全密封,通过轻轻按压底部金属垫片,可以判断密封性是否良好。

六、实验结果与报告

(1)详细记录实验过程。

(2)分析 Co_3O_4 纳米线的形貌和尺寸的影响因素。

(3)分析 Co_3O_4 纳米线的形成机理。

(4)列出反应釜在使用过程中的注意事项。

七、思考题

(1)前驱体中加入氟化铵的作用是什么?

(2)试分析使用环氧树脂涂覆一条线的目的。

(3)纳米线的主要特征是什么?制备纳米线有何意义?

参考文献

[1]王凤先.硫化钼与氧化铜纳米材料的合成及电化学性质[D].金华:浙江师范大学,2013.

[2]兰兰.纳米结构 MnO_x/TiO_2 和 Co_3O_4 催化剂的制备及其光热催化性能的研究[D].武汉:武汉理工大学,2017.

[3]SURYANTO H R,LU X Y,ZHAO C. Layer – by – layer assembly of transparent amorphous Co_3O_4 nanoparticles/graphene composite electrodes for sustained oxygen evolution reaction[J]. J. Mater. Chem. A,2013,1:12 726 – 12 731.

[4]林道.钴基电解水析氧催化剂的制备、表征及性能研究[D].上海:中国科学院上海应用物理研究所,2019.

[5]王雷丹阳.铜基催化剂的制备及电催化析氧性能研究[D].成都:西南石油大学,2017.

实验七　阳极氧化制备 TiO_2 纳米管

一、实验目的

(1) 掌握阳极氧化法制备一维纳米结构的基本原理和工艺过程。
(2) 掌握 TiO_2 纳米管的阳极氧化法制备工艺。
(3) 了解 TiO_2 纳米管的基本物理化学性质、制备方法以及应用领域。

二、实验背景

1. TiO_2 纳米管简介

TiO_2 纳米结构的形态有纳米棒、纳米线、纳米薄膜、纳米管和纳米多孔结构。TiO_2 纳米管(TiO_2 nanotubes, TNT)作为一种新型的阵列纳米材料,如图7-1所示。TiO_2 纳米管的一维的管道结构可以为电子传输提供快速的通道,较大的比表面积可以提供更多可利用的表面位置,凭借其独特:规整有序的空心管状结构、良好的化学稳定性和生物相容性以及优异的光电化学性能,在环境、新能源和生物传感领域展现出巨大的应用价值,因此引起了人们的关注[1]。

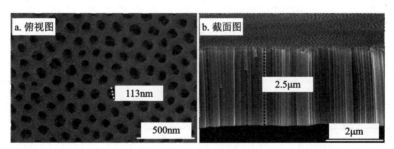

图7-1　TiO_2 纳米管形貌图

2. TiO_2 纳米管制备方法

近年来用于制备 TiO_2 纳米管的方法主要有模板法、水热法、微波合成法和电化学阳极氧化法。

阳极氧化法是目前制备纳米管阵列最受关注的方法。该方法是将工业纯钛片作为牺牲阳极,Pt、Cu、石墨、不锈钢等作为阴极,在电解液中进行极化,然后铁片表面形成排列整齐致密的纳米管阵列。纳米管的管径、长度、管壁厚度可通过改变电解条件氧化电压高低及波形、氧化时间、电解液种类和浓度、有机电解液含水量、反应温度等进行控制。阳极氧化法的优点是设备简单、反应时间短、工艺简单;通过改变电解条件控制纳米管阵列的形貌,可以制备表面形貌规整的纳米管阵列,更适合制备光电化学光阳极,并且是一种简单、方便的制备纳米管阵列的方法[2-4]。

三、实验耗材及仪器设备

1. 实验主要设备及器材

实验中所用到的主要仪器和设备的名称、型号及生产厂家如表7-1所示。

表7-1 主要仪器和设备

仪器名称	型号	生产厂家
电子天平	ME203E	梅特勒-托利多
磁力搅拌器	S21-2	上海司乐仪器有限公司
稳压直流电源	KPS6005D	东莞市不凡电子有限公司
马弗炉	KSL-1600X	合肥科晶材料技术有限公司

2. 实验主要试剂

实验中制备 TiO_2 纳米管所用到的主要试剂如表7-2所示。

表7-2 主要试剂

试剂名称	化学式	纯度	生产厂家
Ti 箔	Ti	分析纯	国药集团化学试剂有限公司
氟化铵	NH_4F	分析纯	国药集团化学试剂有限公司
乙二醇	$(CH_2OH)_2$	分析纯	国药集团化学试剂有限公司
丙酮	C_3H_6O	分析纯	国药集团化学试剂有限公司
去离子水	H_2O	—	自制

四、实验内容与步骤

阳极氧化法制备 TiO_2 纳米管流程如图7-2所示,具体工艺如下。

(1)清洗 Ti 片,截取 1 cm×2.5 cm 尺寸的钛箔,用泡沫水、丙酮和无水乙醇分别超声清洗 20 min,用去离子水冲洗,用洗耳球吹干备用。

(2)在室温下,利用二电极电化学电池,通过两步阳极氧化法制备 TiO_2 纳米管阵列。钛箔和铂片分别作为工作电极(阳极)和对电极(阴极),电解液是包含 0.667 g NH_4F 和 4 mL 去离子水的 200 mL 的乙二醇溶液。第一次阳极氧化在 50 V 的电压下氧化 4 h。

(3)然后取出,超声清洗掉钛箔表面上形成的粗糙表面的纳米管薄膜,同时在钛箔表面留下了有序排列的六边形印子。

(4)第二次相同的条件下阳极氧化 1 h,形成高度有序排列的 TiO_2 纳米管阵列,并且通过第一次留下的六边形印子将纳米管结合在一起。

(5)最终得到的 TiO_2 纳米管阵列需在 450 ℃下的空气里退火 2 h,将无定形 TiO_2 结构转化成锐钛矿型 TiO_2 晶体结构。

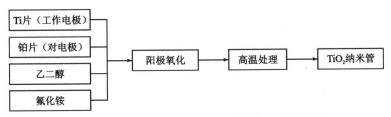

图 7-2　阳极氧化法制备 TiO_2 纳米管工艺流程图

五、实验结果与报告

(1)详细记录实验过程。

(2)分析 TiO_2 纳米管形貌和尺寸的影响因素。

(3)列出阳极氧化法制备一维纳米结构的优缺点。

六、思考题

(1)阳极氧化制备 TiO_2 纳米管过程中正、负极上分别发生了什么化学反应?

(2)电解液中加入 H_2O 和 NH_4F 的作用分别是什么?

(3)分析 TiO_2 纳米管的形成机制。

(4)分析阳极氧化法制备 TiO_2 纳米管的主要影响因素。

参考文献

[1]张晓凡. TiO_2 基纳米材料的制备及其光电催化性能的研究[D].武汉:华中科技大学,2015.

[2]陶杰,陶海军,包祖国,等.有机电解液中钛基材表面纳米管阵列生长机制的研究[J].稀有金属材料与工程,2009,38(6):967-971.

[3]梁可心.改性 TiO_2 纳米管阵列光阳极裂解水制氢的性能研究[D].保定:华北电力大学,2013.

[4]MAHMOOD K,SWAIN B S,AMASSIAN A. Highly efficient hybrid photovoltaics based on hyperbranched three-dimensional TiO_2 electron transporting materials[J]. Adv. Mater.,2015,27(18):2859-2865.

实验八　水热法制备 Fe_2O_3 纳米棒

一、实验目的

(1) 掌握水热法制备 Fe_2O_3 纳米棒的基本原理。
(2) 掌握 $\alpha\text{-}Fe_2O_3$ 纳米棒的水热法制备工艺。
(3) 了解 Fe_2O_3 纳米棒的基本物理化学性质以及应用领域。

二、实验背景

1. Fe_2O_3 简介

Fe_2O_3 是各种二价铁和三价铁化合物热力学转变的最终产物,相对分子质量为 159.67,表观显红棕色,密度为 5.26 g/cm^3,熔点为 1565 ℃。Fe_2O_3 的相结构有 α 相、β 相和 γ 相。其中,β 相和 γ 相是亚稳态,在高温下可转化成 α 相。$\alpha\text{-}Fe_2O_3$(赤铁矿,hematite)在室温下是最稳定的铁的氧化物。$\alpha\text{-}Fe_2O_3$ 是典型的 n 型间接带隙金属氧化物半导体[1]。

$\alpha\text{-}Fe_2O_3$ 属于六方晶系,具有刚玉型的晶体结构,属于 $R\text{-}3c$ 型的空间群,晶胞参数分别为:a=0.503 6 nm,b=0.503 6 nm,c=1.374 9 nm,$\alpha=\beta=90°$,$\gamma=120°$(图 8-1)。在晶胞中正负离子的配位数为 6∶4,在垂直二次轴的平面内,O^{2-} 形成六方最紧密堆积;Fe^{3+} 则在阳离子层之间,填充了 2/3 的八面体空隙,形成了共棱的 $[FeO_6]$ 配位八面体层,相邻层间的八面体共面连接,并且沿着 c 轴的方向堆积,2/3 的四面体空隙都由 Fe^{3+} 占据。共面是通过八面体轻微的变形来实现的,如图 8-1 所示。

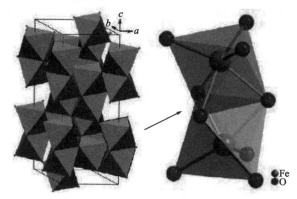

图 8-1　$\alpha\text{-}Fe_2O_3$ 的晶体结构示意图

纳米 α-Fe_2O_3 具有良好的耐候性、耐光性和化学稳定性,是一种重要的无机颜料和精细陶瓷原料。纳米 α-Fe_2O_3 具有巨大的比表面积,表面效应显著,是一种很好的催化剂。纳米 α-Fe_2O_3 具有半导体特性,电导对温度、湿度和气体等比较敏感,是一种有发展潜力的敏感材料。总之,纳米 α-Fe_2O_3 在磁记录材料、精细陶瓷、塑料制品、涂料、催化剂和生物医学工程等方面有广泛的应用价值和开发前景[2-5]。

2. 纳米 α-Fe_2O_3 的制备方法

α-Fe_2O_3 纳米棒薄膜的常用制备方法大致分为热氧化法、水热法、电化学沉积法、原子层沉积法、喷雾热分解法、阳极氧化法和常压化学气相沉积法等[6]。

(1)热氧化法:热氧化法一般是指在含氧气氛下(如干燥氧气、空气和水蒸气等),将金属加热至一定温度(一般小于其熔点)时进行气-固反应获得一维氧化物纳米结构的工艺,它是一种非常简单的纳米材料制备方法。利用此方法制备纳米 α-Fe_2O_3 时,通常会选用纯度较高的铁箔或其他沉积在不同基片上富含铁成分的薄膜或者合金,作为生长基底和原材料,通过控制反应时的相关条件可以制备出包括纳米线、纳米片和纳米带等在内的具有纳米结构的 α-Fe_2O_3。

(2)电化学沉积法:电化学沉积是指在电场的作用下(通常由电化学工作站或恒电位仪提供产生),在一定的电解质溶液中由阴极和阳极构成回路,利用恒电位或循环伏安的方法使溶液中的离子沉积到阴极或阳极的表面上从而形成所需要的薄膜镀层。该制备方法具有设备简单、反应过程易于控制、反应条件温和、成本低的优点,并且利用此方法制备出的纳米材料粒径大小可控、纯度高。

(3)水热法:水热反应最早于19世纪中叶由地质学家开始研究。进入20世纪后,随着较为系统与合理的水热合成理论的建立,这一技术逐步发展成为一种材料制备和处理的常用手段。水热反应是指在密闭的体系内,以水作为反应介质,在一定的温度和压力下,溶液中的物质所进行的有关化学反应的总称。利用水热反应制备纳米材料时,合成产物的尺寸、形貌和结构等都会受到升温速率、反应温度、时间和反应物浓度等条件的影响。因此,与其他制备方法相比,由水热反应制备的纳米材料具有尺寸与形貌可控、晶型好、流程简单、条件相对温和的优点。

水热法是制备纳米 α-Fe_2O_3 的常用方法之一,从已有的文献报道来看,该法的制备过程可以分为两个部分:首先,利用 $FeCl_3$ 或 $Fe(NO_3)_3$ 溶液的水解作用使 FeOOH(羟基氧化铁)纳米棒阵列生长于导电基底(通常使用FTO导电玻璃)上;然后,再通过空气中的高温退火处理使 FeOOH 转化成 α-Fe_2O_3 纳米棒阵列。

三、实验耗材及仪器设备

1. 实验主要设备及器材

实验中所用到的主要仪器和设备的名称、型号及生产厂家如表8-1所示。

表8-1 主要仪器和设备

仪器名称	型号	生产厂家
电子天平	ME203E	梅特勒-托利多
磁力搅拌器	S21-2	上海司乐仪器有限公司
鼓风干燥箱	DHG-9015A	上海一恒科学仪器有限公司
高压反应釜	KH-50	烟台科利化工有限公司
管式炉	OTF-1200X	合肥科晶材料技术有限公司

2. 实验主要试剂

实验中制备 α-Fe_2O_3 纳米棒所用到的主要试剂如表8-2所示。

表8-2 主要试剂

试剂名称	化学式	纯度	生产厂家
六水合氯化铁	$FeCl_3 \cdot 6H_2O$	分析纯	国药集团化学试剂有限公司
FTO导电玻璃	SnO_2:F	≤20 Ω/□	日本板硝子株式会社
尿素(脲)	CON_2H_4	分析纯	国药集团化学试剂有限公司
丙酮	CH_3COCH_3	分析纯	天津市天力化学试剂有限公司
氢氧化钠	$NaOH$	分析纯	国药集团化学试剂有限公司
去离子水	H_2O	—	自制

四、实验内容与步骤

通过采用水热法在F掺杂的SnO_2透明导电玻璃(FTO)上生长FeOOH纳米棒薄膜,然后经过两步退火处理使其转化成具有光电催化活性的α-Fe_2O_3纳米棒,纯α-Fe_2O_3纳米棒的制备工艺流程如图8-2所示。

图8-2 α-Fe_2O_3纳米棒的制备工艺流程图

水热法实验制备α-Fe_2O_3纳米棒过程的具体步骤如下。

(1)将面积为5 cm×1 cm的FTO分别用洗洁精、丙酮、无水乙醇和蒸馏水超声清洗30 min去除表面的污渍,洗净后烘干备用。

(2)称取3.243 g $FeCl_3 \cdot 6H_2O$ 和0.72 g CON_2H_4 溶于80 mL蒸馏水中,搅拌30 min混

合均匀形成澄清溶液;将混合溶液转移到反应釜中,将FTO基底的导电面向下以一定的倾斜角度放入反应釜中,反应釜放入电炉中保温不同时间;反应结束后用蒸馏水和无水乙醇冲洗、干燥样品,得到黄色的FeOOH纳米棒。

(3)将制备的FeOOH纳米棒/FTO放置于100 ℃的管式炉内,以3 ℃/min的升温速率加热到550 ℃并保温2 h,这是使FeOOH转化成α-Fe_2O_3;随后继续以10 ℃/min的升温速率加热到750 ℃保温不同的时间进行光电激发处理;最后,随炉降温得到具有光电催化活性的α-Fe_2O_3纳米棒。

五、实验结果与报告

(1)详细记录实验过程。
(2)分析α-Fe_2O_3纳米棒形貌和尺寸的影响因素。
(3)水热法结合退火处理制备α-Fe_2O_3纳米棒过程中发生的化学反应有哪些?

六、思考题

(1)水热用的溶液中尿素的作用是什么?
(2)水热法制备α-Fe_2O_3纳米棒结构的优缺点是什么?
(3)试分析α-Fe_2O_3纳米棒的形成机制。

参考文献

[1]邓久军.氧化铁光电极的改性及光电催化分解水性能研究[D].苏州:苏州大学,2016.
[2]沙菲,宋洪昌,2003.纳米α-Fe_2O_3的制备方法及应用概况[J].江苏化工,31(5):12-15.
[3]曹大鹏,2014.α-Fe_2O_3电极的水热法制备及其光电化学性能研究[D].南京:南京大学.
[4]HISATOMI T,KUBOTA J,DOMEN K. Recent advances in semiconductors for photocatalytic and photoelectrochemical water splitting[J]. Chem. Soc. Rev. ,2014,43:7520-7535.
[5]CESAR I,KAY A,GRÄTZEL M. Translucent thin film Fe_2O_3 photoanodes for efficient water splitting by sunlight:nanostructure-directing effect of si-doping[J]. J. Amer. Chem. Soc. ,2006,128(14):4582-4583.
[6]GONCALVES R H,LIMA B H R,LEITE E R. Magnetite colloidal nanocrystals:a facile pathway to preparen mesoporous hematite thin films for photoelectrochemical water splitting[J]. J. Amer. Chem. Soc. ,2011,133(15):6012-6019.

实验九　ZnO 陶瓷制备

一、实验目的

(1) 掌握陶瓷成型及烧结的基本原理与方法。
(2) 了解粉末压片机的结构及工作原理,掌握粉末压片机的操作方法。
(3) 了解陶瓷烧成制度的确定方法,熟练掌握高温电阻炉的操作使用。
(4) 了解陶瓷坯体烧结致密化的基本原理,掌握功能陶瓷的制备工艺。

二、实验背景

1. 干法成型技术

陶瓷一般由多种不同的原料配制而成。不同配方的陶瓷具有不同性能。陶瓷的制备工艺通常包括原料粉碎、混合、成型、烧结等环节。成型与烧结是陶瓷制备的关键工序。

陶瓷的成型是将配料制成规定形状和尺寸并具有一定机械强度的生坯。陶瓷成型的方法主要有干压成型、半干压成型、可塑成型、注浆成型、等静压法等。其中,粉末干压成型是功能陶瓷的常用成型方法之一,它是利用模具将粉末原料压制成一定形态的致密坯体的成型方法。由于干压成型的坯料水分少、压力大,坯体比较致密,因此能获得收缩小、形状准确的生坯。干压成型过程简单,便于机械化,较适合于形状简单、小型的坯体成型[1,2]。

陶瓷的干压成型是在一定形状的模具中实现的。利用液压成型机对模具中的粉料施加一定强度的压力,使粉料在压力的作用下移动、靠拢、变形、收缩,形成致密的坯体。成型效果的好坏不仅与施加压力的大小有关,而且与加压方式、空气排出情况以及粉料的性质有关。为了获得好的成型效果,干压成型对粉料有一定的要求:①粉料的各成分分布均匀,体积密度高;②流动性好,加压成型时颗粒间的内摩擦力小,粉料能顺利地填满模型的各个角落;③具有一定的团粒大小,并有适当的颗粒级配;④在压力作用下各团粒易于粉碎,以便在压力作用下致密化;⑤水分均匀,便于成型与干燥。

成型总压力取决于所要求的压强大小,并与坯体的大小和形状有关,它是选择压机大小的主要指标。成型所需压强的大小取决于陶瓷坯体的形状、厚度、粉料的流动性和含水量、坯体致密度要求等。一般来说,在一定范围内增加压强,可以有效地增加坯体致密度。当成型压力达到一定值时,再增加压力,坯体致密度的变化就不明显了。过大的压力容易在除去压力时引起残余压缩空气的膨胀,使坯体产生层裂[3]。

加压时,压力通过颗粒的接触来传递。由于颗粒在传递压力过程中一部分能量要消耗在克服颗粒之间的摩擦力以及颗粒与模具壁之间的摩擦力上,压力在传递过程中气逐渐减小。因此,粉料内的压强分布是不均匀的,压制的坯体密度也不均匀。当单面加压时,压力是从一个方向上施加的,如果坯体的厚度较大,则压强分布在厚度方向上很不均匀,直接受压的一端压力大,随着离加压端距离的增加,压力逐渐减小,如图 9-1a 所示。这样坯体的上层致密度较高,越往下致密度越低,而在水平方向上靠近模壁四周的密度也不如坯体中心密实。因此,对于厚度较大的坯体,可以采用两面加压,即上、下加压的方式,改善坯体内部压强分布的均匀性,如图 9-1b 所示。

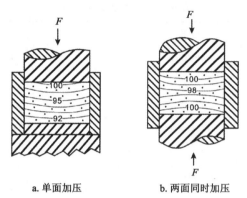

a. 单面加压　　　　b. 两面同时加压

图 9-1　粉末干压成型加压方式及其内部压强分布示意图

加压速度和时间对成型效果有重要的影响。由于粉料中含有较多的空气,在加压过程中,应该留有充分的时间让空气排出。因此加压速度不能太快,最好采用多次加压,先轻压后重压,达到最大压力后维持一段时间,让空气充分排出。

2. 陶瓷的烧结

陶瓷的烧结是坯体在一定的高温条件下通过发生一系列物理化学反应达到完全致密的瓷化过程。在高温下,陶瓷坯体中比表面积较大、表面能较高的颗粒向降低其表面能的方向变化,颗粒释放表面能形成晶界,同时由于扩散、蒸发、凝聚等传质作用,发生晶界的移动以及颗粒间气孔的排除,从而导致小颗粒减少、大颗粒的"兼并"作用,形成具有一定强度的致密陶瓷体。烧结可分液相烧结和纯固相烧结。液相烧结是在陶瓷配料中加入一定量的助熔剂,使其在烧结过程中形成少量液相,从而降低烧结温度,促进烧结[4,5]。

陶瓷的烧结是一个包含由量变到质变的复杂的物理变化与化学变化过程。这一过程通常包括 4 个阶段:①低温阶段,即室温到 300 ℃左右,主要排除残余水分;②中温阶段,一般为 300~950 ℃,又称分解氧化阶段,主要发生结构水排出、有机物分解、碳和无机物的氧化、碳酸盐和硫化物的分解以及晶型转变等;③高温阶段,即 950 ℃到烧成温度,物料继续氧化分解,形成新晶相以及晶粒长大;④冷却阶段,从烧成温度逐渐降低温度,发生冷却凝固及晶型转变。

陶瓷的烧结过程必须注意烧成制度的确定。烧成制度包括温度制度、气氛制度、压力制度。不同种类陶瓷的烧成制度不同。对于某一种特定陶瓷来说,制定好温度制度和控制好烧成气氛十分关键。确定烧成温度曲线时需考虑的因素有:①坯体各组分在烧结过程中的反应速度;②坯体的厚度、大小及热传导能力;③新相的形成及其生长速度、新相的相变特征等。

三、实验耗材及仪器设备

1. 实验主要设备及器材

实验中所用到的主要仪器和设备的名称、型号及生产厂家如表 9-1 所示。

表 9-1 主要仪器和设备

仪器名称	型号	生产厂家
电子天平	ME203E	梅特勒-托利多
玛瑙研钵	100 mL	定制
钢制磨具	—	定制
鼓风干燥箱	DHG-9015A	上海一恒科学仪器有限公司
液压成型机	SB-30T	湘潭湘仪仪器有限公司
马弗炉	KSL-1600X	合肥科晶材料技术有限公司

2. 实验主要试剂

实验中制备 ZnO 陶瓷所用到的主要试剂如表 9-2 所示。

表 9-2 主要试剂

试剂名称	化学式	纯度	生产厂家
氧化锌粉体	ZnO	分析纯	国药集团化学试剂有限公司
氧化铋	Bi_2O_3	分析纯	国药集团化学试剂有限公司
5%聚乙烯醇溶液	PVA	—	自制

四、实验步骤

(1)配料:根据所制陶瓷的性能要求,拟定陶瓷配方,计算各种物质的用量,并利用精密天平准确称量各原料。在称量过程中,要避免杂质的混入。

(2)混料:通常采用球磨的方式进行混料。球磨不仅可以使各种原料混合均匀,而且可以使物料粉碎成一定的细度,有利于烧结过程中各组分固相反应的进行。湿法球磨得到的浆料用烘箱烘干,然后用研钵研细后使用。

(3)造粒:将混料后的粉料与一定量的黏结剂混合,然后制成一定大小的团粒。造粒使物料具有较好的流动性,更容易使物料填满模具的腔体,有利于压制成型。而黏结剂的加入增强了颗粒之间的相互黏结性,使成型后的坯体具有一定的机械强度。

(4)成型:称取一定量的混合粒料,倒入模具中,用手将上压头压下,并不断旋转,确保粉料在模具中均匀分布。将模具放置在液压成型机的工作台上,加压至预定压力,保压一定时间,然后缓慢卸压。取出下压头,加上脱模套头,然后将模具倒向放置在压机上,施加压力脱模。将坯体轻轻取出,放置在托板上,并进行编号。

(5)坯体干燥:采用烘箱将陶瓷坯体干燥。

(6)烧结:①将坯体放入陶瓷坩埚中,为了避免陶瓷与坩埚黏结以及烧结过程中组分的蒸发,可在坩埚中加入与陶瓷成分相同的粉体,将坯体埋在粉体中烧结;②打开电阻炉炉门,将坩埚送入炉膛内,中心点应在热电偶端部的下方,然后关上炉门;③根据预定的烧成制度,设定电炉控温器温度程序,通过控温程序控制升温速度、保温时间以及降温速率;④打开电阻炉控制开关,运行控温程序,进行陶瓷烧结;⑤烧结结束后,等炉温降至室温后,再取出陶瓷样品。

五、实验结果与报告

(1)根据实验过程,绘制陶瓷制备工艺流程图。

(2)详细记录实验过程,绘出陶瓷烧结温度曲线,分析确定烧成制度的依据。

(3)根据陶瓷收缩率、体积密度等特征,分析陶瓷烧成制度的合理性,并就烧结条件对陶瓷性能的影响进行讨论。

六、思考题

(1)陶瓷成型的主要影响因素有哪些?

(2)陶瓷烧成制度的确定主要考虑哪些因素?

(3)陶瓷烧成效果的好坏应从哪些方面进行评价?

参考文献

[1]刘维良.先进陶瓷工艺学[M].武汉:武汉理工大学出版社,2004.

[2]张锐.陶瓷工艺学[M].北京:化学工业出版社,2007.

[3]齐景坤.汉麻秆碳化硅陶瓷的干压成型制备工艺研究[D].北京:北京林业大学,2012.

[4]李国栋,吴伯麟,张辉.粉体表面改性对$\alpha\text{-}Al_2O_3$陶瓷干压成型性能及制品强度的影响[J].硅酸盐学报,2000,28(6):550-552,556.

[5]王超,彭超群,王日初,等.BeO陶瓷干压成型工艺参数的优化[J].中南大学学报(自然科学版),2009,40(1):135-138.

实验十 α-堇青石微晶玻璃制备

一、实验目的

(1)了解低温共烧结技术的基本原理和主要特征。
(2)掌握玻璃晶化理论及其控制技术。
(3)掌握α-堇青石微晶玻璃的制备工艺及晶化机制。
(4)了解堇青石微晶玻璃的结构与性质,以及它作为低温共烧结技术基板材料的优势。

二、实验背景

1. 堇青石微晶玻璃的结构与性质

堇青石微晶玻璃因具有良好的介电性能、极低的热膨胀系数、较高的电阻率及良好的抗热震性而备受瞩目,被认为是最具潜力的低温共烧陶瓷基板材料。研究表明,堇青石存在3种基本变体,即低温稳定相(β-堇青石相)、高温稳定相(α-堇青石相)和低温介稳相(μ-堇青石相)。诸多研究表明,自然界中广泛存在的是斜方结构(空间群为 Cmcc)的β-堇青石,还有少量的以六方结构的(空间群为 P6/mcc)α-堇青石相存在。α-堇青石与β-堇青石的相转变温度为 1450 ℃,当温度高于 1450 ℃时,六方α-堇青石相稳定;反之,会转变为β-堇青石相。在人工合成的微晶玻璃及陶瓷材料中,出现较多的是α-堇青石相和μ-堇青石相。在 1150 ℃~1450 ℃范围内合成的堇青石材料中,主要以α-堇青石相存在,经长时间使用或保温后,会慢慢转变为β-堇青石;若合成温度在 1150 ℃以下,材料的主晶相为μ-堇青石,经过长时间的保温能够转变为α-堇青石或者β-堇青石[1]。

稳定态的堇青石包括低温斜方结构的β-堇青石和高温六方结构的α-堇青石。从配位多面体角度看,它们拥有相似的结构,晶体结构中均包含[SiO_4]、[AlO_4]、Al 取代 SiO_4 结构中的 Si 形成的 $(Si, Al)O_4$ 四面体和[MgO_6]八面体,这些配位多面体分别形成由[SiO_4]、$(Si, Al)O_4$ 共角顶相连组成六元环的四面体层以及由[MgO_6]和[AlO_4]共棱相连形成的四面体与八面体相间层。在四面体层内,六元环垂直 C 轴,且相邻两个六元环以彼此错开 30°角的形式堆叠在一起,通过和四面体与八面体相间层共角顶相连从而构成堇青石的三维骨架。传统的矿物学认为,堇青石属环状结构硅酸盐,后研究者认为连接六元环的不仅是[MgO_6]八面体,还有$(Si, Al)O_4$ 四面体,在整个堇青石体系中,四面体构建出了三维架状结构,故堇青石应属架状硅酸盐。从原子排布来看,Al、Si 在四方结构中呈现完全有序的排列状态,而在六方结构中，Al、Si 原子的有序程度降低，[AlO₄]四面体随机地占据六元环的任意位置。α-堇青石的空间群为 P6/mcc，晶格常数 a=0.977 0 nm，c=0.935 nm（JCPDS：13-293）。六元环内径为 1.58 nm，具体晶体结构见图 10-1[2]。

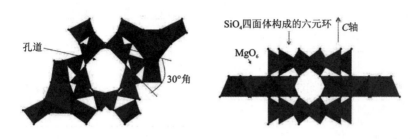

图 10-1　α-堇青石的晶体结构

MgO-Al₂O₃-SiO₂ 体系微晶玻璃是一类重要的无机非金属材料，它们普遍具有机械强度高、抗热震性好的优良性质，另外该组成的微晶玻璃中可以完全不含碱金属离子，因而具有优良的电性能，主要包括低的介电常数、低的介电损耗及高的电阻率。其中，主晶相为堇青石的 MgO-Al₂O₃-SiO₂ 体系微晶玻璃具有重要的商业价值，最早由美国 Corning 公司的玻璃化学家 Stookey 于 1957 年研究开发。堇青石的理论化学计量式为 2MgO·2Al₂O₃·5SiO₂，具有较高的机械强度、良好的介电性能、超低的热膨胀系数、良好的热稳定性等优异性能，因此被广泛应用于绝缘材料、封装电路基板材料、微波器、混频器、窑炉器件、催化剂载体等领域[3,4]。

三、实验耗材及仪器设备

1. 实验主要设备及器材

实验中所用到的主要仪器和设备的名称、型号及生产厂家如表 10-1 所示。

表 10-1　主要仪器和设备

仪器名称	型号	生产厂家
电子天平	ME203E	梅特勒-托利多
鼓风干燥箱	DHG-9015A	上海一恒科学仪器有限公司
液压成型机	SB-30T	湘潭湘仪仪器有限公司
马弗炉	KSL-1600X	合肥科晶材料技术有限公司

2. 实验主要试剂

实验中制备 α-堇青石微晶玻璃所用到的主要试剂如表 10-2 所示。

表 10-2 主要试剂

试剂名称	化学式	纯度	生产厂家
氧化镁	MgO	分析纯	国药集团化学试剂有限公司
氧化铝	Al_2O_3	分析纯	国药集团化学试剂有限公司
氧化硅	SiO_2	分析纯	国药集团化学试剂有限公司
硼酸	H_3BO_3	分析纯	国药集团化学试剂有限公司
磷酸二氢铵	$NH_4H_2PO_5$	分析纯	国药集团化学试剂有限公司

四、实验步骤

α-堇青石微晶玻璃制备的实验过程主要包括玻璃粉的制备和微晶玻璃的制备两部分。

1. 玻璃粉的制备

(1)计算称量:根据不同配方的化学配比精确计算各实验所需的砂质高岭土、MgO、Al_2O_3、SiO_2 及助剂的质量,之后在电子天平上准确称量。称量所使用的电子天平的精度为 0.001 g。

(2)充分混料:将称量好的原料通过过筛混合均匀,倒入刚玉坩埚中。所用筛子为100目。混料是为了将各种原料充分分散,均匀混合。原料能否均匀分散混合直接影响着熔融的过程。

(3)熔融冷淬:将盛放原料的刚玉坩埚放置于 SX3-12-17A 型硅钼棒高温电阻炉中,在 1550 ℃保温 6h 使原料充分熔融,不经冷却直接从高温炉中取出,倒入冷水中淬火,得到玻璃块体。

(4)球磨干燥:将得到的玻璃块体先粉碎,使直径小于 2 mm,之后将玻璃颗粒与玛瑙磨球一同置于刚玉球磨罐中,行星磨湿法球磨 4 h,转速设定为 120 r/min,烘干之后便得到玻璃粉体。手动粉碎玻璃块是为了提高球磨效率及玻璃的利用率。

2. 微晶玻璃的制备

(1)压片成型。称量 5 g 干燥的玻璃粉置于玛瑙研钵中,与 1.0 mL 左右的黏结剂(质量分数为 5%的聚乙烯醇,即 PVA)均匀混合,之后倒入不锈钢模具中,采用 SDJ-30 型手动液压制样机将玻璃粉压制成型,压力为 13 MPa,保压时长为 1~2 min,得到直径约为 40 mm 的生坯。

(2)排胶烧:。将生坯没入刚玉粉中并水平置于氧化铝承烧板上,在电阻炉中进行烧结。温度根据实验具体需求设定,先升温至 600 ℃且保温 0.5 h,之后升温至烧结温度保温 6 h。升温速率为 10 ℃/min,待烧结完成后随炉冷却至室温,制备得到微晶玻璃。在 600 ℃下保温 0.5 h 是为了排胶,即使成型过程中所用的黏结剂 PVA 排除干净。若省略排胶过程直接进行烧结,则会导致坯体变形开裂,内部存在大量的气孔,降低微晶玻璃的整体性能。

五、实验结果与报告

(1)详细记录α-堇青石微晶玻璃的制备过程。
(2)分析α-堇青石微晶玻璃力学性能的影响因素。

六、思考题

(1)微晶玻璃相比于普通陶瓷有什么优缺点?
(2)晶相含量、晶粒粒度及形态对微晶玻璃性能有何影响?
(3)如何控制微晶玻璃的晶粒尺寸?
(4)玻璃的晶化过程受哪些因素影响?

参考文献

[1]倪文,陈娜娜.堇青石矿物学研究进展[J].矿物岩石,1996,16(4):126-134.

[2]陈国华,刘心宇.添加稀土氧化铈对堇青石基微晶玻璃的烧结和性能的影响[J].硅酸盐学报,2004,32(5):625-630.

[3]陈国华,刘心宇.氧化铋对微晶玻璃的相转变和性能的影响[J].材料科学与工艺,2004,12(5):501-505.

[4]王悦辉,周济,崔学民,等.低温共烧陶瓷技术在材料学上的进展[J].无机材料学报,2006,21(2):267-275.

实验十一　叠层片式厚膜元件结构分析与设计

一、实验目的

(1) 了解多层片式元件的结构特征。
(2) 了解厚膜元件的工作原理。
(3) 初步掌握多层片式元件的结构设计方法。

二、实验背景

1. 叠层片式厚膜元件简介

叠层片式厚膜元件的发展是陶瓷电子元器件小型化、集成化发展的重要方向,是实现元件表面组装自动化的必然要求,也是便携式电子产品向小型化、低电压化方向发展的需要。近 10 多年来,叠层片式电子元件发展迅速,已经在片式电容器、片式电感器、片式压敏电阻器、片式热敏电阻器以及片式多层复合元件等方面形成了比较庞大的市场规模[1]。

叠层型电容器是最早出现的一种片式电子元件。它的特点是:由具有高介电常数的陶瓷材料制备,在介电陶瓷厚膜层间可布设内电极,元件体积小,容量大,Q 值高,电阻变化率小,平均寿命长,可靠性高。

叠层片式元件制备的基础是陶瓷厚膜材料和内部电极厚膜导电材料。陶瓷厚膜素坯通常采用流延工艺(tape casting)制备。该工艺利用流延设备将含有陶瓷粉料的浆料制备成厚度为数十微米的厚膜,通过烘干后获得陶瓷厚膜素坯。该工艺的特点是:可以制备单相或复相陶瓷厚膜,产品成分起伏小,缺陷少,性能稳定,生产效率高,适合工业化连续生产。利用流延工艺制备陶瓷厚膜素坯后,采用丝网印刷方法在陶瓷厚膜素坯表面涂上电极层,然后以一定的方式叠合在一起,形成多层结构,再经过压实、切割、烧结、制端面电极等环节,制成多层片式元件。

多层叠片式厚膜元件制备的技术关键是:确保陶瓷料与内电极的热膨胀系数和收缩率相匹配,并有效抑制内电极与陶瓷层之间的界面反应,同时确保两者的烧成温度基本一致,以实现元件的一次烧成。由于单层陶瓷片厚度较薄,内电极对元件性能有很大影响。陶瓷料中一般加入玻璃料,以降低烧成温度。而内电极材料可选用 Ag-Pd 电极材料,以改善内电极在烧结过程中的稳定性问题。由于 Pd 价格昂贵,目前大容量多层片式电容器多采用贱金属 Ni 作为内电极,而纯 Pd 内电极因价格昂贵,已很少使用[2,3]。

2. 叠层片式电容器设计原理

叠层片式元件由于采用内电极层,通过陶瓷厚膜与电极层交错排布,层间电极与元件的端面电极交错相连,使元件中陶瓷的有效面积增大,如图 11-1 所示[4-6]。

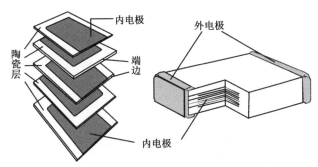

图 11-1 叠层片式厚膜元件结构示意图

对于一个叠层片式电容器来说,其陶瓷厚膜为介电材料,每一层陶瓷厚膜与其两侧的电极形成一个平板型电容器。一个平板型电容器的电容量可表示为:

$$C = \frac{\varepsilon \varepsilon_0 S}{d}$$

式中,S 为电极面积(m^2);d 为电极间的距离(m);ε 为陶瓷材料的介电常数,ε_0 为真空时的介电常数,其数值为 8.85×10^{-12} F/m。

当陶瓷材料选定时,其介电常数一定,电容器的电容量由其有效面积和电极距离来决定。有效面积是指陶瓷厚膜两侧电极重合的面积。电容器中的电极面积比介质陶瓷厚膜的面积小,留出一定的陶瓷边缘以防止击穿或短路。如果电容量 C 给定,由介质陶瓷的厚度 d 和陶瓷的介电常数 ε 可计算出电容器的有效总面积 S:

$$S = \frac{dC}{\varepsilon \varepsilon_0}$$

在叠层片式电容器的设计中,需要确定单片尺寸以及达到额定电容量所需要的单片数。单片尺寸可首先根据国家标准选定电容器的长宽尺寸,再参考国家标准中对端面金属化尺寸的要求,按电容器的工作电压留出一定的留边量,然后确定每一单片电极的有效面积 S_0。如果电容器的叠片方式如图 11-2 所示,则有效总面积为 S,单片电极的有效面积为 S_0($S_0 = b \times l$)时所需的单片数 n 为:

$$n = \frac{S}{S_0} + l$$

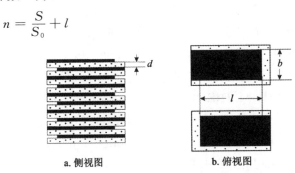

a. 侧视图　　b. 俯视图

图 11-2 矩形叠层片式电容器结构示意图

三、实验耗材及仪器设备

1. 实验主要设备及器材

金相显微镜。

2. 实验主要样品

叠层片式原件标准样品。

四、实验步骤

(1)利用金相显微镜详细观察标准叠层片式电容器的结构。
(2)测定陶瓷片厚度、有效面积以及陶瓷厚膜层数。
(3)根据电容器的额定电容值,计算陶瓷材料的介电常数。
(4)根据陶瓷的介电常数,设计一个额定电容值为 50 nF 的叠层片式电容器,确定其有效面积、介电陶瓷厚膜厚度、电极尺寸、留边尺寸、层数。
(5)根据叠层片式电容器的结构特征,提出其制备的工艺条件要求。

五、实验结果与报告

(1)详细记录叠层片式元件的主要种类及结构特征。
(2)详细记录叠层片式电容器的设计和计算过程。
(3)绘制设计的叠层片式电容器结构图,并根据自己的设计,提出叠层片式电容器的规模化生产方案。

六、思考题

(1)叠层片式厚膜元件有什么优缺点?
(2)针对叠层片式厚膜元件内电极的扩散问题,可通过什么方法解决?

参考文献

[1]李耀霖.厚膜电子元件[M].广州:华南理工大学出版社,1991.
[2]宋子峰.大容量 MLCC 的工艺设计[J].电子元件与材料,2008,27(8):43-45.
[3]卢艺森,肖培义.电源用 MLCC 的新型设计[J].电子质量,2008(5):21-23.
[4]李标荣,丁爱军.MLCC 规模生产工艺的新进展[J].电子元件与材料,1995,14(5):10-15.
[5]HIROSHI K,YOUICHI M,HIROKAZU C. Base-metal electrode-multilayer ceramic capacitors:past,present and future perspectives[J]. Jpn. J. Appl. Phys. ,2003,42(1):1-15.
[6]ANDREAS R. New lamination technique to join ceramic green tapes for the manufacturing of multilayer devices[J]. J. Eur. Ceram. Soc. ,2001,21(10-11):1993-1996.

实验十二　薄膜的磁控溅射法制备

一、实验目的

(1) 了解磁控溅射沉积系统的基本组成及工作原理。
(2) 掌握磁控溅射仪的操作方法。
(3) 掌握磁控溅射法制备薄膜材料的工艺流程。

二、实验背景

1. 薄膜材料制备技术简介

薄膜材料是指采用一定工艺在衬底(基片)表面涂覆厚度约为数纳米至数微米的一层或多层涂层材料。近几十年来，随着科学技术的发展，特别是微电子技术和信息产业的飞速发展，薄膜材料已在很多领域得到应用。尤其是薄膜材料作为重要基础材料在光学元件、集成元器件、微电子器件、大规模集成电路领域正发挥着极其重要的作用。薄膜材料及其技术已经成为微电子学、光电子学、磁电子学等新兴交叉学科的材料基础，已广泛渗透到国民经济和科学技术的各个领域[1]。

薄膜材料的制备方法很多，概括起来有化学方法和物理方法两大类。磁控溅射法是一种物理方法，是制备薄膜材料的常用技术之一。所谓"溅射"就是荷能粒子轰击固体靶表面，使原子(或分子)从靶材表面射出的现象。应用这一现象将溅射出来的物质沉积到基片(衬底)或工作表面形成薄膜的方法称为溅射(镀膜)法。溅射法被广泛地应用于制备各种薄膜材料，包括金属薄膜、合金薄膜、半导体薄膜、氧化物薄膜、碳化物薄膜、氮化物薄膜等。

磁控溅射是在靶阴极表面引入磁场，利用磁场对带电粒子的约束来提高等离子体密度以增加溅射率的方法。磁控溅射是一种沉积速度较快、工作气体压力较低的溅射沉积技术。由于轰击基片的高能电子减少，轰击靶材的高能离子增多，因此磁控溅射沉积具有低温、高速两大特点。

磁控溅射法又分为直流磁控溅射法和射频磁控溅射法。直流磁控溅射法要求靶材将从离子轰击过程中得到的正电荷传递给与其紧密接触的阴极，因此只适用于导体材料的溅射沉积。对于绝缘靶材或导电性很差的非金属靶材，必须采用射频溅射法进行薄膜沉积。射频磁控溅射法所采用射频电源的频率通常在 30～50 MHz，可以溅射沉积各种类型的材料，包括导电材料、绝缘材料和磁性材料。由于磁性材料对磁场有屏蔽作用，溅射沉积时磁性靶会减弱或改变靶表面的磁场分布,影响溅射效率。因此,磁性材料的靶材需加工成薄片,减少其对磁场的影响[2-4]。

2.磁控溅射法制备薄膜的原理

磁控溅射技术诞生于20世纪70年代,起初在装饰以及制造行业应用广泛。随着技术的不断完善,涂层的性能得到极大的提高,该技术的应用领域拓展到航空航天以及航海领域,已成为真空镀膜行业不可或缺的技术之一。磁控溅射的原理是:利用电子在电场和磁场的双重作用下产生螺旋前进运动的特点,通过磁场对带电粒子的约束作用,使电子撞击氩气分子产生电离碰撞概率增大,靶附近的等离子体密度增高,靶材的溅射率增大。溅射中产生的中性靶原子或分子沉积在基片上形成薄膜,而产生的二次电子在电场和磁场作用下以摆线和螺旋线的复合形式在靶表面做圆周运动。该电子的运动路径很长,且被磁场束缚在靠近靶表面的等离子体区域内,对氩气分子不断碰撞,电离出大量的Ar^+来轰击靶,在靶的上方形成一个电子密度和原子电离概率极高、离子溅射概率也极高的溅射带,从而实现薄膜的高速沉积。随着碰撞次数的增加,电子的能量降低。在沿磁力线来回振荡过程中,当电子能量耗尽时,在电场E作用下最终淀积在基片上。由于该电子能量很低,传递基片的能量也低,基片温升低,因而实现了"低温"沉积。磁控溅射沉积原理如图12-1所示。

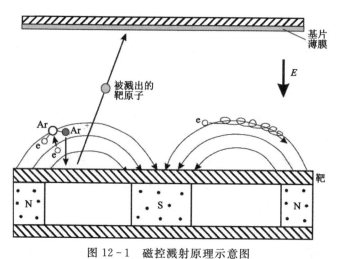

图12-1 磁控溅射原理示意图

在磁控溅射的过程中,影响薄膜性能的因素有很多,主要有以下两个方面。

(1)靶材与基片之间的距离:合适的距离能够使薄膜质量均匀。距离过大时,溅射粒子的运动距离增大,能量降低,薄膜致密度下降;而距离过小,则会使薄膜表面出现较明显缺陷,降低薄膜的使用性能。

(2)沉积温度:合适的沉积温度,使得薄膜表面晶粒生长均匀,堆积致密。温度过低时不利于晶粒的均匀成核,而在高温下晶粒生长速度过快,晶核粗大,均匀性下降,导致薄膜表面粗糙度增加。除此之外,所加偏压的大小、压强的大小等都会影响薄膜的质量,而且不同的工艺参数对薄膜性能影响的原理不同[5]。

三、实验耗材及仪器设备

1. 实验主要设备及器材

磁控溅射仪、电阻炉、无尘手套、镊子。

2. 实验主要用品

铝靶、铜靶、基片。

四、实验步骤

(1)首先阅读磁控溅射仪操作规程,了解设备的组成及各部分的工作原理和操作方法。对磁控溅射仪的操作必须严格按照仪器操作规程进行。

(2)打开冷水机开关,启动水冷系统。

(3)打开电源开关,启动仪器。

(4)根据开启镀膜室腔盖的程序,打开腔盖。

(5)安装靶及基片,基片必须预先清洗干净。

(6)根据关闭镀膜室腔盖的程序,关上腔盖,打开镀膜室与排气管道之间的垂直闸板(全开)。

(7)运行抽真空程序,依次启动机械泵、分子泵抽真空。

(8)当镀膜室内真空度达到溅射条件要求时,设定氩气流量,打开氩气瓶阀门,向镀膜室通入氩气,进行预溅射,确定在现有气体流量、气压等条件下产生溅射的条件。

(9)打开射靶配挡板和基片挡板,调节基片台高度及其旋转速度。开启溅射电源,调控电流、电压,进行磁控溅射。

(10)完成预定时间的溅射后,停止溅射。关闭溅射电源,关闭氩气阀门。

(11)严格按照关机程序进行关机。启动分子泵关机程序,关闭分子泵。等分子泵停止运转后,关闭机械泵。

(12)打开普通氮气瓶阀门,向镀膜室内通入普通氮气,至镀膜室内气压与大气压相等后,关闭普通氮气瓶阀门。最后,关闭镀膜室与排气管道之间的垂直闸板。

(13)打开镀膜室内腔盖,取出样品。

(14)关闭镀膜室内腔盖,打开镀膜室与排气管道之间的垂直闸板,打开抽真空程序,抽真空值至一定的真空度。最后,进入关机程序,关闭分子泵,关闭机械泵,关闭水冷机,最后关闭总电源。

(15)利用电阻炉在一定温度下对薄膜样品进行退火处理。

(16)对所制薄膜样品进行测定分析,评价所制薄膜的质量。

五、实验结果与报告

(1)详细记录薄膜的溅射沉积过程、溅射的条件、气压、气氛、时间等。

(2)分析薄膜的形成过程及其影响因素。

六、思考题

(1)基片类型及性质对薄膜的形成有何影响?
(2)薄膜的晶体生长有哪些影响因素?
(3)退火过程中薄膜材料可能发生哪些变化?

参考文献

[1]唐伟忠.薄膜材料制备原理、技术及应用[M].北京:冶金工业出版社,2003.
[2]孙承松.薄膜技术及应用[M].沈阳:东北大学出版社,1998.
[3]蔡殉,石玉龙,周建主.现代薄膜材料与技术[M].上海:华东理工大学出版社,2007.
[4]常伟杰.离子体增强磁控溅射CrN基涂层的制备及性能研究[M].南昌:江西科技师范大学,2019.
[5]石永敬,龙思远,王杰.直流磁控溅射研究进展[J].材料导报,2008,22(1):65−69.

实验十三 电沉积法制备 BiVO₄ 薄膜

一、实验目的

(1) 了解电沉积法技术的基本利用和工艺特点。
(2) BiVO₄ 薄膜的电沉积法制备工艺。
(3) 掌握电沉积法装置及相关设备的使用和操作。
(4) 了解 BiVO₄ 的基本物理化学性质、制备方法及应用领域。

二、实验背景

1. BiVO₄ 薄膜简介

BiVO₄ 是一种无毒的商业原料,呈亮黄色,性能稳定且廉价,可用于各种黄色的交通标志。由于 BiVO₄ 具无毒、耐腐蚀、色泽保持持久等优良性能,人们用它来代替含有铅、镉、铬等有毒元素的原料,适用于汽车喷漆、制作涂料等。BiVO₄ 主要有单斜白钨矿型、四方锆石型和四方白钨矿型 3 种晶型。其中,单斜白钨矿型和四方锆石型之间发生不可逆转化,单斜白钨矿型和四方白钨矿型之间发生可逆相转变。常见四方锆石型和单斜白钨矿型 BiVO₄ 的能带结构如图 13-1 所示。

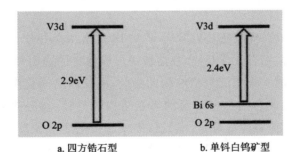

图 13-1 四方锆石型和单斜白钨矿型 BiVO₄ 的能带结构示意图

对于单斜晶系的 BiVO₄ 来说,它的光电性能更加优于四方晶系,单斜的 BiVO₄ 结构中(图 13-2),每个 V 原子与 4 个 O 原子连接存在于四面体中,每个 Bi 原子与 8 个 VO₄ 四面体单元中的 O 原子相连接。四配位的 V 和八配位的 Bi 沿同一方向交替排列。每个 O 原子与两个 Bi 中心和一个 V 中心相连,保持了 Bi 与 V 中心组成三维结构。这种扭曲使单斜 BiVO₄ 内部发生极化,有利于电子空穴对的分离,因此相对于四方晶系的 BiVO₄ 具有更好的光催化性能。

除此之外,它还由于铁电、离子传导性等特性受到人们关注。自 1998 年 Kudo 实验室首次报道了 $BiVO_4$ 可见光光解水的性能,人们对其在光催化方面的应用进行了广泛的研究[1-3]。

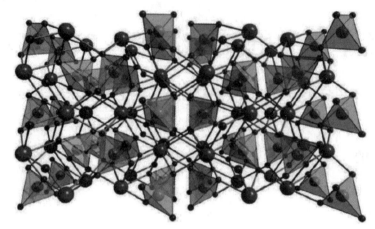

图 13－2　单斜白钨矿 $BiVO_4$ 晶体结构示意图

2. $BiVO_4$ 薄膜制备方法

为了提高 $BiVO_4$ 的光电化学催化制氢性能,研究者们用不同的方法合成了各种形貌和结构的 $BiVO_4$。主要方法有电沉淀法、溶胶-凝胶法、金属有机物裂解法等,各种方法的具体操作不同,制备出的 $BiVO_4$ 性能也不同[4-6]。

(1)电沉淀法:在电沉积过程中,阴极附近溶液中的金属离子放电并通过电结晶而沉积到阴极上,沉积层的晶粒大小与电结晶时晶体的形核和晶粒的生长速度有关。如果在沉积表面形成大量的晶核,且晶核和晶粒的生长得到较大的抑制,就有可能得到纳米晶。研究表明,高的阴极过电位、高的吸附原子总数和低的吸附原子表面迁移率是大量形核和减少晶粒生长的必要条件。电沉积法有操作简单、无污染、结晶纯度高、结晶度好等优点,在本实验中采用此方法制备 $BiVO_4$。

(2)溶胶-凝胶法:溶胶-凝胶法是以含有 V 和 Bi 的金属醇盐作前驱体,在液相将这些原料均匀混合,并进行水解、缩合化学反应,在溶液中形成稳定的透明黄色溶胶体系。溶胶经陈化,胶粒间缓慢聚合,形成三维空间网络结构的凝胶,凝胶网络间充满了失去流动性的溶剂。凝胶经过干燥、烧结固化制备出分子乃至纳米亚结构的材料,再经热处理而成 $BiVO_4$ 薄膜。与固相反应相比,化学反应将容易进行,而且仅需要较低的合成温度,一般认为溶胶-凝胶体系中组分的扩散在纳米范围内,而固相反应时组分扩散是在微米范围内,因此反应容易进行,温度较低,易实现大面积均匀制备。

(3)金属有机物裂解法:金属有机物裂解法是制备薄膜的一种新技术,它既不要求真空环境也不要求凝胶的制备过程。主要工艺流程为配料→涂敷→烘干→退火。利用金属有机物分解法制备 $BiVO_4$ 的过程为:将 2-乙基-己酸铋和乙酰丙酮氧钒分别溶于蒸馏过的乙酰丙酮中;然后将两溶液以 Bi∶V(摩尔比)为 1 的比例混合搅拌,将制备的溶胶用浸渍提拉法涂于基体上;再在一定温度下煅烧得到 $BiVO_4$ 薄膜。金属有机物需要实验室合成,因其原料价格比较昂贵。此外,从湿膜烧制成无机膜会导致体积变化通常较大,常导致膜产生微裂[7,8]。

三、实验耗材及仪器设备

1. 实验主要设备及器材

实验中所用到的主要仪器和设备的名称、型号及生产厂家如表13-1所示。

表13-1 主要仪器和设备

仪器名称	型号	生产厂家
电子天平	ME203E	梅特勒-托利多
磁力搅拌器	S21-2	上海司乐仪器有限公司
超声波清洗器	KQ-100E	昆山市超声仪器有限公司
鼓风干燥箱	DHG-9015A	上海一恒科学仪器有限公司
电化学工作站	CHI660E	上海辰华仪器有限公司
马弗炉	KSL-1600X	合肥科晶材料技术有限公司

2. 实验主要试剂

实验中制备$BiVO_4$薄膜所用到的主要试剂如表13-2所示。

表13-2 主要试剂

试剂名称	化学式	纯度	生产厂家
乳酸	$C_3H_6O_3$	分析纯	国药集团化学试剂有限公司
二甲基亚砜	C_2H_6OS	分析纯	国药集团化学试剂有限公司
碘化钾	KI	分析纯	国药集团化学试剂有限公司
对苯醌	$C_6H_4O_2$	分析纯	国药集团化学试剂有限公司
硝酸	HNO_3	分析纯	国药集团化学试剂有限公司
乙酰丙酮氧钒	$C_{10}H_{14}O_5V$	分析纯	国药集团化学试剂有限公司

四、实验内容与步骤

电沉积法制备$BiVO_4$薄膜流程如图13-3所示,具体步骤如下。

(1)称量19.92 g碘化钾,向其中加入0.81 g乳酸,再加入300 mL蒸馏水,加入磁子,在磁力搅拌器上搅拌,制备成A溶液。

(2)称量0.60 g对苯醌,向其中加入120 mL乙醇,加入磁子,在磁力搅拌器上搅拌,制备成B溶液。

(3)向A溶液中加入2.18 g硝酸铋,并继续搅拌。

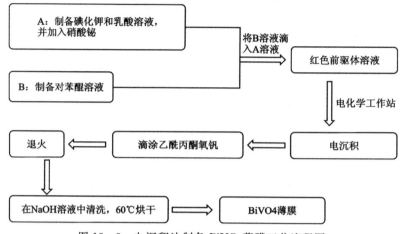

图 13-3 电沉积法制备 $BiVO_4$ 薄膜工艺流程图

(4) 将 B 溶液缓缓加入 A 溶液,并继续搅拌 20 min。

(5) 将处理好的 FTO 玻璃、铂电极、参比电极(Ag/AgCl)放入反应池中,并放入混合溶液中;先在 -0.35 V 的电压下通电 30 s,再在 -0.1 V 的电压下通电 1200 s,完成电沉积。

(6) 将 0.1 g 乙酰丙酮氧钒加入 2 mL 二甲亚砜中,将制备好的溶液滴加在样品上。

(7) 将样品放入马弗炉中,以 2 ℃/min 的速率升温至 450 ℃,保温 2 h,完成退火。

(8) 取出样品,放入 1 mol/L 的氢氧化钠溶液中搅拌,去除多余的氧化钒,并在 60 ℃ 下烘干,得到 $BiVO_4$ 薄膜。

五、实验结果和报告

(1) 详细记录实验过程。

(2) 分析 $BiVO_4$ 薄膜质量的影响因素。

六、思考题

(1) 反应溶液中加入乳酸的作用是什么?

(2) 在电沉积过程中为什么要用不同电压分步沉积?

(3) 在电化学沉积过程中,薄膜的质量主要受哪些因素影响?

参考文献

[1] 王晓慧. $BiVO_4$ 薄膜的制备及其光电化学性能的研究[D]. 南京:南京理工大学,2011.

[2] 李杰,宋晨飞,逄显娟. 可见光催化剂钒酸铋的可控合成及性能研究[J]. 无机材料学报,2019,34(2):164-172.

[3] 刘晶冰,张慧明,汪浩张,等. 纳米钒酸铋的微波快速合成及光催化性能研究[J]. 无机化学学报,2008,24(5):777-780.

[4] 张洋. $BiVO_4$ 光阳极的优化设计及光解水应用[D]. 长春:东北师范大学,2017.

[5] 张贝贝. 钒酸铋纳米材料的合成及光电水分解研究[D]. 兰州:兰州大学,2018.

[6] 吴春红,黄应平,赵萍,等. 钒酸铋催化剂的制备与其光催化性能研究进展[J]. 应用化学,2015,44(11):2100-2106.

[7] CHANG X, WANG Y, ZHANG P, et al. Enhanced surface reaction kinetics and charge separation of p-n heterojunction $Co_3O_4/BiVO_4$ photoanodes[J]. J. Am. Chem. Soc., 2015,137(26),8356-8359.

[8] 王晓军. 钒酸铋基光阳极材料的制备及其光电化学分解水性能研究[D]. 广州:暨南大学,2018.

实验十四　钙钛矿太阳能电池制备

一、实验目的

(1) 了解钙钛矿太阳能电池的结构特征和工作原理。
(2) 掌握钙钛矿太阳能电池的制备工艺。
(3) 掌握旋涂法制备薄膜的原理、方法和注意事项。

二、实验背景

1. 太阳能电池的发展历程

现阶段可再生能源以太阳能、水能、风能、潮汐能、地热能等为主。在各种可再生新能源中,太阳能具有资源丰富、清洁无污染、地理范围广阔、利用方式多样(如光热、光电)等优势,是最为理想的可再生能源之一。

太阳能电池是直接将太阳能转换为电能的一种器件,它起源于 1839 年法国物理学家 Becquerel 发现的光伏效应,他观察到电解液中镀银(Ag)的铂(Pt)电极之间在光照条件下产生了光致电压。太阳能电池的发展主要经历了 3 个重要的时代。第一代太阳能电池是以晶体硅太阳能电池为代表,分为单晶硅太阳能电池和多晶硅太阳能电池。晶硅太阳能电池具有光电转换效率高的优点,单结单晶硅太阳能电池最高转换效率已超过 26%,目前商业上大规模使用的太阳能电池大多数都是晶硅太阳能电池。但是高纯度硅的提炼和加工成本较大,使得晶硅太阳能电池成本较高,其制备工艺也较为复杂。为了降低成本,开发出了第二代太阳能电池:薄膜太阳能电池,主要以碲化镉、铜铟硒、铜铟镓硒薄膜太阳能电池为代表。第二代太阳能电池的制造成本显著降低,但是铟、镓、硒等元素在自然界的储量有限,依旧带来了成本和工业化应用的问题。第三代太阳能电池以有机太阳能电池(OPV)、染料敏化太阳能电池(DSSCs)和钙钛矿太阳能电池(PSCs)为代表。第三代太阳能电池具有可溶液加工的特点,可以通过旋涂法、丝网印刷及喷雾法等工艺进行制备。这些工艺有效简化了制备工艺并降低了制备成本。但就光电转化效率而言,第三代太阳能电池相比于第一代和第二代太阳能电池还有一定的差距。

2. 钙钛矿太阳能电池简介

钙钛矿太阳能电池是在染料敏化太阳能电池的基础上发展起来的新一代薄膜太阳能电

池,它是以有机-无机杂化的钙钛矿材料(perovskite)作为光吸收层,其结构如图14-1所示。钙钛矿太阳能电池主要由电子传输层、光吸收层、空穴传输层以及上、下两个电极组成[1-3]。

通常,TiO_2、SnO_2或者ZnO等半导体材料作为电子传输层,首先通过旋涂工艺直接涂覆在FTO导电玻璃上。然后是钙钛矿层的涂覆,钙钛矿层的涂覆有两种方式,一种是直接沉积在电子传输层上;另一种是先在电子传输层涂覆一层介孔材料作为支撑材料,一般是介孔的TiO_2或者Al_2O_3,再涂覆钙钛矿层。这两种涂覆方式构成了两种不同类型的钙钛矿太阳能电池,前一种被称为平面型钙钛矿太阳能电池;后一种被称为介孔型钙钛矿太阳能电池。

钙钛矿太阳能电池的主要优势在于钙钛矿层高的光吸收系数,钙钛矿材料的晶体结构如图14-2所示。钙钛矿为立方晶系,面心立方格子,由A、B两种阳离子和X阴离子构成,阴离子X和半径较大的阳离子A共同组成立方最紧密堆积,而半径较小的阳离子B则填于1/4的八面体空隙中。阳离子A一般是甲胺($CH_3NH_3^+$),阳离子B一般是铅(Pb^{2+})、锡(Sn^{2+})等金属阳离子,阴离子X一般为I^-、Br^-、Cl^-等卤素离子[4]。

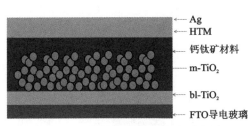

图14-1 钙钛矿太阳能电池示意图

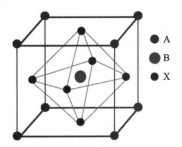

图14-2 钙钛矿结构示意图

组成光吸收层的有机-无机杂化钙钛矿材料(例如$CH_3NH_3PbI_3$)为直接带隙半导体材料,其带隙约为1.6 eV,光吸收范围可涵盖整个可见光区域,钙钛矿层的光吸收如图14-3所示。除此之外,还具有平衡的正负电荷载流子输运特性、长的载流子扩散长度、高的载流子迁移率、低的激子结合能以及可调节的直接带隙等特性。另一个突出的优势是在制备方面,除了最外层的金属电极需要利用物理沉积技术,其他层的制备都可以通过溶液法完成,极大地降低了对生产设备的要求,简化了生产工艺,有助于降低太阳能电池的制备成本[5]。

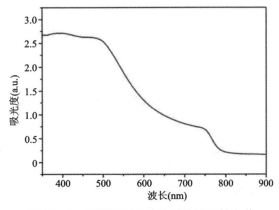

图14-3 钙钛矿层的紫外可见漫反射光谱

钙钛矿太阳能电池最早的研究始于 2009 年，日本学者 Miyasaka 等首次报道了将有机-无机杂化钙钛矿（$CH_3NH_3PbI_3$、$CH_3NH_3PbBr_3$）作为光敏化剂应用到染料敏化太阳能电池中并获得了 3.8% 的光电转化效率，但该电池依然采用的是液态电解质。直到 2012 年，韩国学者 Nam-Gyu Park 和瑞士学者 Michael Graetzel 相继报道了以固态的 Spiro-OMeTAD 作为空穴传输层，实现了全固态的钙钛矿太阳能电池制备，并分别得到了 9.7% 和 10.9% 的光电转换效率。此后，钙钛矿太阳能电池的研究受到了越来越多的关注，被 *SCIENCE* 和 *NATURE* 分别评为"2013 年最大的科技突破"及"2014 年最值得期待的科技进展"。牛津大学的 Henry Snaith 教授在 2010 年创办了光伏企业 Oxford PV，专门致力于钙钛矿太阳能电池的基础研究及市场化应用。

太阳能电池性能的好坏主要通过太阳光照下（通过模拟太阳光源来实现）的电流-电压（$J-V$）曲线来进行表征，如图 14-4 所示。太阳能电池的性能主要通过以下 4 个参数反映。

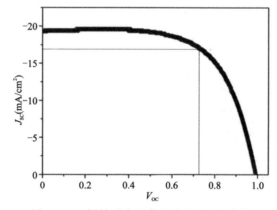

图 14-4　钙钛矿太阳能电池的 $J-V$ 曲线

（1）开路电压（open-circuit voltage, V_{OC}）：在光照下，太阳能电池处于开路状态下的电压值，对应于 $J-V$ 曲线中与横坐标的截距。开路电压主要由钙钛矿材料的带隙宽度、电子和空穴传输层的匹配程度，以及在传输过程中的复合程度来决定。

（2）短路电流（short-circuit current density, J_{SC}）：在光照下，太阳能电池处于短路状态下的电流密度，对应于 $J-V$ 曲线中与纵坐标的截距。短路电流主要取决于钙钛矿层的光吸收性能以及载流子的传输特性。

（3）填充因子（fill factor, FF）：光照下，太阳能电池的最大输出功率 P_m 与 $V_{OC} \times J_{SC}$ 的比值，即：

$$FF = P_m / (V_{OC} \times J_{SC}) = (J_m \times V_m) / (V_{OC} \times J_{SC})$$

（4）光电转换效率（power conversion efficiency, PCE）：钙钛矿太阳能电池最大输出功率 P_m 与热射光功率 P_{in} 的比值，即：

$$PCE = P_m / P_{in} = (J_m \times V_m) / P_{in} = (FF \times V_{OC} \times J_{SC}) / P_{in}$$

填充因子直接反应钙钛矿层与电子传输层和空穴传输层接触的好坏。光电转换效率是衡量太阳能电池性能最重要的指标，从上述公式可以看到 PCE 的大小与开路电压、短路电流和填充因子成正比[6]。

三、实验耗材及仪器设备

1. 实验主要设备及器材

实验中所用到的主要仪器和设备的名称、型号及生产厂家如表 14-1 所示。

表 14-1 主要仪器和设备

仪器名称	型号	生产厂家
电子天平	ME203E	梅特勒-托利多
磁力搅拌器	S21-2	上海司乐仪器有限公司
超声波清洗器	KQ-100E	昆山市超声仪器有限公司
鼓风干燥箱	DHG-9015A	上海一恒科学仪器有限公司
匀胶机	EZ4-S-PP	江苏雷博科学仪器有限公司
管式炉	OTF-1200X	合肥科晶材料技术有限公司

2. 实验主要试剂

实验中制备钙钛矿太阳能电池所用到的主要试剂如表 14-2 所示。

表 14-2 主要试剂

试剂名称	化学式	纯度	生产厂家
FTO 导电玻璃	$SnO_2:F$	≤20 Ω/□	日本板硝子株式会社
碘化铅	PbI_2	99.999%	国药集团化学试剂有限公司
甲基碘化胺	CH_6IN	99.5%	国药集团化学试剂有限公司
四氯化钛	$TiCl_4$	≤20 Ω/□	日本板硝子株式会社
二乙酰丙酮基二异丙醇钛	$C_{16}H_{28}O_6Ti$	优级纯	国药集团化学试剂有限公司
二氧化钛介孔层浆料	TiO_2	Dyesol-18NRT	国药集团化学试剂有限公司
二甲基甲酰胺	C_3H_7NO	优级纯	国药集团化学试剂有限公司

四、实验内容与步骤

多孔型-钙钛矿太阳能电池(对应于平面型-钙钛矿太阳能电池)结构可以分为 6 个部分,分别为 FTO 导电玻璃、致密层 TiO_2、多孔层 TiO_2、钙钛矿层、空穴传输层以及对电极层(Ag 对电极),如图 14-5 所示。

以下将对每一部分的制备过程进行详细描述。

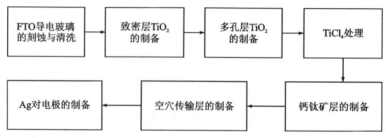

图 14-5 钙钛矿太阳能电池的制备流程图

(1)FTO 导电玻璃的清洗:FTO 作为电子传输层主要的作用是将钙钛矿太阳能电池产生的光生电子传输到外电路。首先,将 FTO 玻璃裁剪成 2 cm×1.5 cm 大小的规格,分别用洗涤液、丙酮、乙二醇、乙醇和蒸馏水进行超声清洗;之后,用高纯氮气吹干,并进行臭氧处理待用。FTO 表面是否清洗干净对接下来致密层的旋涂起着很关键的作用,如果没有清洗干净,很难得到高质量的致密层 TiO_2。

(2)致密层 TiO_2 的制备:致密层又被称作空穴阻挡层,主要作用为传输电子到 FTO 基板,同时阻隔光生空穴传导到 FTO 层与电子发生复合。首先,配置前驱体溶液,取 0.75 mL 二乙酰丙酮基二异丙醇钛缓慢滴加到 9.25 mL 正丁醇溶剂中,配置成 0.15 mol/L 前驱体溶液;用过滤头将溶液过滤一遍之后,将溶液滴加到处理好的 FTO 基片上,在 2000 r/min 的转速下旋涂 20 s;在 125 ℃ 的热台上烘烤 10 min 之后,将涂有前驱体的 FTO 转移到管式炉中,在 500 ℃ 退火处理 1 h。

(3)多孔层 TiO_2 的制备:多孔层 TiO_2 的主要作用是形成一个骨架结构,便于接下来钙钛矿层的附着和生长,多孔层的厚度将直接决定钙钛矿层的厚度。待上述基片降至室温之后,将 Dyesol - 18NRT 浆料(一种含有 TiO_2 纳米颗粒的商业浆料)滴加到基片上,在 2000 r/min 的转速下旋涂 20 s;在 125 ℃ 的热台上烘烤 10 min 之后,将基片转移到管式炉中,在 500 ℃ 退火处理 1 h。

(4)$TiCl_4$ 溶液处理多孔层 TiO_2:这一处理方式主要是沿用染料敏化太阳能电池的制备过程中 $TiCl_4$ 对多孔层的处理。处理的主要作用是增加多孔层的表面粗糙度,使得多孔层能够吸附更多的钙钛矿溶液。将上述基片浸泡到 0.02 mol/L $TiCl_4$ 的水溶液中,在 70 ℃ 反应 30 min;之后,将基片从溶液中取出,冲洗之后用氮气吹干,再转移到管式炉中,在 500 ℃ 退火处理 1 h。

(5)钙钛矿($CH_3NH_3PbI_3$)层的制备:钙钛矿层的主要作用是吸收入射光,并产生光生电子和空穴。钙钛矿层是整个钙钛矿太阳能电池的核心组分,钙钛矿层的质量好坏将直接决定整个器件的效率高低。制备钙钛矿层主要采用两步法。首先,将 1.2 mol/L PbI_2 二甲基甲酰(DMF)胺溶液旋涂到上述基片上(2500 r/min,25 s),在常温下放置一段时间后,在 70 ℃ 烘烤 10 min,保证溶剂 DMF 挥发完全;然后,将基片迅速插入 10 mg/mL 的甲基碘化胺乙二醇溶液中,在这个过程中可以明显地看到基片由 PbI_2 的亮黄色立即变为深棕黑色,表明钙钛矿层的形成;浸泡 10 min 之后(确保 PbI_2 反应完全),将基片取出分别用乙二醇和二氯甲烷溶剂(均为无水溶剂,钙钛矿层对水十分敏感)冲洗,之后在 125 ℃ 烘烤 10 min。

(6)空穴传输层(Spiro-OMeTAD)的制备:空穴传输层的主要作用是将钙钛矿层在光激发下产生的空穴收集并传输到 Ag 对电极。首先,配置 Spiro-OMeTAD 溶液,将 72.3 mg Spiro-OMeTAD 溶解到 1 mL 无水氯苯溶剂中;然后,滴加 28.8 μL 磷酸三丁酯溶剂,搅拌一段时间后滴加 17.5 μL 双(三氟甲烷磺酰)亚胺锂溶液(520 μL/mL 乙腈溶液);最后,得到亮黄色 HTM 溶液,过滤之后将 Spiro-OMeTAD 溶液旋涂到上述基片上(3000 r/min,30 s);在干燥皿中放置一晚,保证 Spiro-OMeTAD 充分氧化。

(7)Ag 对电极的制备:Ag 对电极的主要作用是连接外电路,将产生的空穴导出。将上述制备好的基片放入热蒸镀仪中,在 0.1 nm/s 的速度下,蒸镀一层 120 nm 厚的 Ag 对电极。

五、实验结果与报告

(1)详细记录实验过程,观察钙钛矿层在制备过程中的颜色变化并进行描述。
(2)分析钙钛矿层薄膜厚度的影响因素。
(3)对旋涂法制备薄膜材料的优缺点进行讨论。

六、思考题

(1)旋涂完 PbI_2 之后放置 10 min 的目的是什么?
(2)在制备 TiO_2 致密层的过程中,溶液配制完成后进行过滤头过滤的目的是什么?
(3)影响钙钛矿太阳能电池性能的主要因素有哪些?

参考文献

[1] 李春海. 基于 TiO_2 电子传输层的钙钛矿太阳能电池的研究[D]. 北京:北京交通大学,2019.

[2] 何欣. 高性能钙钛矿太阳能电池的制备及界面优化的研究[D]. 泉州:华侨大学,2019.

[3] KOJIMA A,TESHIMA K,SHIRAI Y,et al. Organometal halide perovskites as visible-light sensitizers for photovoltaic cells[J]. J. Am. Chem. Soc.,2009,131(17):6050-6051.

[4] LEE M M,TEUSCHER J,MIYASAKA T,et al. Efficient hybrid solar cells based on meso-superstructured organometal halide perovskites[J]. Science,2012,338(6107):643-647.

[5] BURSCHKA J,PELLET N,MOON S J,et al. Sequential deposition as a route to high-performance perovskite-sensitized solar cells[J]. Nature,2013,499(7458):316-319.

[6] LIU M,JOHNSTON M B,SNAITH H J. Efficient planar heterojunction perovskite solar cells by vapour deposition[J]. Nature,2013,501(7467):395-398.

实验十五 溶胶-凝胶法制备 Al 掺杂 ZnO 薄膜

一、实验目的

(1) 掌握溶胶-凝胶法制备薄膜的原理和方法。
(2) 了解匀胶机的工作原理,熟练掌握匀胶机的使用方法。
(3) 掌握 Al 掺杂 ZnO(AZO)薄膜的溶胶-凝胶法制备工艺。
(4) 了解 Al 掺杂 ZnO 薄膜的基本物理化学性质及主要应用领域。

二、实验背景

1. Al 掺杂 ZnO 薄膜简介

Al 掺杂 ZnO(Al-doped ZnO,AZO)薄膜是一种重要的透明导电氧化物薄膜,在具有较高透光性的同时,兼具良好的导电性。掺杂后薄膜导电性能大幅度提高,电阻率可降低到 10^{-4} $\Omega \cdot cm$,且可见光透光率可以达到 85% 以上。相比于传统的 FTO、ITO 导电玻璃而言,AZO 薄膜具有原料来源丰富、廉价、无毒、高热稳定性和化学稳定性的特点。众多的优势使得 AZO 薄膜在透明电极、防静电薄膜、热反射薄膜、气敏传感器等领域获得了广泛的应用[1]。

2. Al 掺杂 ZnO 薄膜制备方法

由不同的制备方法得到的 Al 掺杂 ZnO 薄膜的性能有所差异,为了适应不同的应用环境,研究者开发出了多种 Al 掺杂 ZnO 薄膜的制备方法,包括磁控溅射、真空蒸发沉积、化学气相沉积、喷雾热解、溶胶-凝胶法等[2-4]。

(1) 磁控溅射法:磁控溅射是制备 Al 掺杂 ZnO 薄膜最为广泛的一种方法,具有薄膜厚度、成分精确可调等优势。该方法以高纯度的 ZnO 和金属 Al 作为靶材,通过共溅射的方法,然后经过退火处理,制备 Al 掺杂 ZnO 薄膜。Al 的掺杂量可利用对 ZnO 和 Al 靶材溅射功率的调节来实现。溅射过程中的靶材纯度、衬底温度、退火温度和时间等参数都会影响薄膜的导电性及光透过性。

(2) 真空蒸发沉积法:真空蒸发沉积是在较高的真空度下将源材料加热使其蒸发。利用真空蒸发沉积制备 Al 掺杂 ZnO 薄膜需要用到多元蒸发工艺。利用 $Zn(CH_3COO)_2 \cdot 2H_2O$

和 $AlCl_3$ 进行分别蒸发,然后经过热处理得到 Al 掺杂 ZnO 薄膜。在蒸发沉积的过程中,可以通过调节两种源材料的蒸发速率实现 Al 掺杂量的调控。

(3)化学气相沉积法:该方法以二乙基锌或者醋酸锌作为 Zn 源,以氧气、水蒸气、CO_2 等作为 O 源,以三乙基铝、氯化铝或者硝酸铝作为 Al 源。气化之后得到气体源材料发生化学反应得到 Al 掺杂 ZnO 薄膜。该方法的优势在于反应温度高,薄膜结晶性好,薄膜与基底的结合力好,适用于大规模生产。

(4)溶胶-凝胶法:溶胶-凝胶法因其制备成本低、无需真空环境、设备简单、成膜均匀性好等优势,成为制备 Al 掺杂 ZnO 薄膜的一种主要方法,也是研究最为广泛的方法之一。该方法一般以醋酸锌作为 Zn 源,以氯化铝或者硝酸铝作为掺杂剂,经过溶胶-凝胶转变之后,通过旋涂或者提拉的方法在基底上得到 Al 掺杂 ZnO 薄膜。

三、实验耗材及仪器设备

1. 实验主要设备及器材

实验中所用到的主要仪器和设备的名称、型号及生产厂家如表 15-1 所示。

表 15-1 主要仪器和设备

仪器名称	型号	生产厂家
磁力搅拌器	S21-2	上海司乐仪器有限公司
匀胶机	EZ4-S-PP	江苏雷博科学仪器有限公司
马弗炉	KSL-1600X	合肥科晶材料技术有限公司

2. 实验主要试剂

实验中制备 Al 掺杂 ZnO 薄膜所用到的主要试剂如表 15-2 所示。

表 15-2 主要试剂

试剂名称	化学式	纯度	生产厂家
乙酸锌	$C_4H_{10}O_6Zn$	99.0%	国药集团化学试剂有限公司
硝酸铝	$Al(NO_3)_3 \cdot 9H_2O$	99.0%	国药集团化学试剂有限公司
乙二醇甲醚	$C_3H_8O_2$	99.0%	日本板硝子株式会社
乙醇胺	C_2H_7NO	99.0%	国药集团化学试剂有限公司
冰醋酸	CH_3COOH	99.0%	国药集团化学试剂有限公司

四、实验内容与步骤

溶胶-凝胶法制备 Al 掺杂 ZnO 薄膜工艺流程如图 15-1 所示,具体步骤如下。

(1)将乙酸锌溶于乙二醇甲醚溶液中,得到 50 mL 0.75 mol/L 的乙酸锌溶液,加入同

Zn^{2+}等浓度的乙醇胺作为稳定剂,并加入适量的冰醋酸作为催化剂。

(2)称取一定量的硝酸铝溶于上述(1)的乙酸锌溶液当中,使得Al的掺入量分别为0%、1%、2%和3%。

(3)将上述(2)的混合溶液加热到60 ℃,并继续搅拌1 h,然后自然冷却。

(4)利用旋涂仪,将冷却后的溶液滴加在基片上,以3000 r/min的速度旋涂1 min。

(5)湿膜在150 ℃下预烧5 min。为了增加薄膜厚度,可重复该步骤数次旋涂。

(6)将旋涂得到的薄膜在150 ℃烘干,然后在500 ℃退火30 min,得到最终的透明导电薄膜。

(7)测定薄膜的表面电阻。

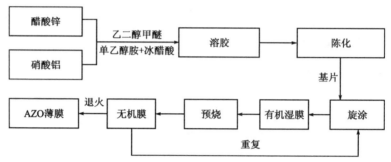

图15-1 溶胶-凝胶法制备AZO薄膜工艺流程图

五、实验结果与报告

(1)详细记录实验过程。

(2)写出从前驱体到Al掺杂ZnO的演变过程。

(3)列出影响Al掺杂ZnO薄膜性能的可能因素,并说明原因。

六、思考题

(1)分析溶胶-凝胶法成膜质量的主要影响因素。

(2)分析每一次匀胶后进行预烧的目的。

(3)分析Al掺杂量对ZnO导电性的影响。

参考文献

[1]刘玉萍,陈枫,郭爱波,等.AZO透明导电薄膜的制备技术及应用进展[J].真空与低温,2007,13(1):1-20.

[2]罗鹏,朱光.溶胶凝胶法制备透明导电ZnO:Al薄膜的研究[J].宿州学院学报,2017,32(5):110-113.

[3]叶静.Al掺杂ZnO透明导电红外反射薄膜的制备与性能巧究[D].杭州:浙江大学,2015.

[4] JIMENEZ GONZALEZ A E,SOTO URUETA J A. Optical transmittance and photoconductivity studies on ZnO:Al thin films prepared by the sol-gel technique[J]. Solar Energy Mater. Solar Cells,1998,52(3-4):345-353.